工程训练课程标准

华中科技大学工程实践创新中心　**组编**

李昕　**主编**

梁延德　吴昌林　**主审**

华中科技大学出版社

中国·武汉

内 容 简 介

本书依托华中科技大学深化工程实践教育改革、扎实提升实践育人能力取得的教研成果，着眼于明确大学生修习"工程训练"实践课程后应该掌握哪些基本知识、具备哪些基本技能、养成哪些基本素质，主要介绍了"工程训练"课程性质、课程结构、课程目标、教学基本要求、课程成绩评定，并介绍了华中科技大学"工程训练"教学方案及工程训练实践平台的构建实例。

本书可作为各高校开展工程训练教学和建设工程实践创新中心的参考。

图书在版编目(CIP)数据

工程训练课程标准/李昕主编.—武汉:华中科技大学出版社,2023.5(2023.6重印)
ISBN 978-7-5680-9447-4

Ⅰ.①工… Ⅱ.①李… Ⅲ.①机械制造工艺-高等学校-教学参考资料 Ⅳ.①TH16

中国国家版本馆 CIP 数据核字(2023)第 072865 号

工程训练课程标准 李昕　主编
Gongcheng Xunlian Kecheng Biaozhun

策划编辑:万亚军　　　　　　　　　　　　　　　　封面设计:廖亚萍
责任编辑:万亚军　　　　　　　　　　　　　　　　责任校对:刘　飞
责任监印:周治超
出版发行:华中科技大学出版社(中国·武汉)　　　电话:(027)81321913
　　　　　武汉市东湖新技术开发区华工科技园　　邮编:430223
录　排:华中科技大学惠友文印中心
印　刷:武汉邮科印务有限公司
开　本:710mm×1000mm　1/16
印　张:6　插页:2
字　数:90千字
版　次:2023年6月第1版第2次印刷
定　价:29.80元

其次,工程训练要体现时代特征,用最领先的理念、最前沿的技术、最先进的应用来支撑人才培养。现在社会需求变化非常快,一些行业的技术革新和科技创新发展速度超过了高校。高水平大学要引领发展,一定要教给学生最前沿的技术,要让大学生尽可能早地在校内接触最先进的应用。要把企业的一些优秀成果和最新理念搬到课堂,请企业家、杰出工程师到课堂给学生授课,与学生交流、互动;要把前沿科技吸纳到学校,将一些先进技术融入工程训练,颠覆对制造技术的传统认识,体验前沿科技带来的生产力革命。这样,可以让参加工作以后才有机会接触的新技术、新应用,在大学阶段就能提前实践,从而激发大学生去思考、去领悟、去钻研。

最后,工程训练要尽可能把原来主要面向理工科的工程实践教学,开发成通识体验课,面向全校所有学科开放。医科生、文科生也可参加工程训练,身临其境地了解制造业的发展历程及其与各领域的融合,了解制造业从业人员必须具备的工匠精神、敬业素质、工程伦理。

在我的理解上,工程训练既是工程实践,又是思维训练,两者要结合起来,缺一不可。要努力营造一个开放的、创新的实践环境,让学生在工程训练中提升工程素养,强化质量意识,培养系统思维。

工程训练还要加强针对性。传授专业知识时,可以针对不同年级、不同专业学生设计不同的单元模块。例如,一、二年级本科生的工程实践教学,并不一定要求他们马上掌握一些十分深奥的专业知识原理,也不要求他们必须理解加工工艺背后的具体算法和模型,但要有意识地让他们建立相应的概念和兴趣。总的来说,作为重要的实践育人环节,工程训练要着力培养大学生的工程观、质量观、系统观。

2. 工程观要面向问题、面向需求、面向应用

问:您刚才谈到了工程训练要着力培养大学生的工程观、质量观和系统

代　　序

工程训练要着力培养大学生的工程观、质量观、系统观①

（如何建设具有新时代内涵的工程实践创新中心和"工程训练"课程，《高等工程教育研究》于 2021 年 4 月 14 日特约专访了时任华中科技大学党委书记、中国工程院院士、机械制造自动化专家邵新宇。本文发表在《高等工程教育研究》2022 年第 3 期。谨以此文作为本书代序。）

1. 工程训练要着力培养大学生的工程观、质量观、系统观

问：邵院士好！在新一轮科技革命和产业革命驱动下，国际工程教育界兴起了新的改革潮流，国内也在推动"新工科"建设，工程教育改革发展对实践教学提出了新要求。您长期从事工程科技的教学、科研和高校管理工作，能否请您谈谈"新工科"背景下如何推动工程实践教育高质量发展？如何加强工程训练？

邵新宇（以下简称"邵"）：首先，工程训练是一种实践认知。人的认知过程，刻骨铭心的是"亲身实践"。"I hear, I forget. I see, I remember. I do, I understand."只有亲身做了，才能真正明白。机械原理也好、机器人六自由度运动也好，单纯讲授理论课程，很快就会忘记；工程训练中亲手实践过，就会有较深印象，将来工作中就可以很快回忆起此前学过的知识。特别是对工科教育而言，仅仅靠理论课是培养不出拔尖创新人才和卓越工程师的，一定要重视工程训练！

---

① 本文略有改编。——编者

观。请问,如何理解工程观?如何培养大学生的工程观?

邵:以前一讲创新,就讲科学创新,就讲技术创新。现在我们认识到,创新实践应在科学、技术、工程三个层面同时发力。本质上讲,科学、技术、工程三者是不同类型的创造性活动,有着不同的发展规律。科学、技术、工程对人的能力、素质要求是不一样的。

目前比较普遍的是,大学课堂上注重讲授科学、技术原理,实验室里也追求基础和前沿技术的创新,这些固然是大学的主要使命,但不可忽视的是,工程层面的创新实践教育,还未引起足够重视,工程观的培育和熏陶,还着力不够。

树立学生的工程观,提升工程素养,首先要建立起面向问题、面向应用、面向现实需求的意识。最重要的工程素养是能发现问题和提出解决问题的方案。什么叫工程?按狭义的理解,工程是一种有组织的造物活动。例如,造出一条产线、盖好一幢建筑、安装好一个大型科学装置(如 FAST)。如何把一个毛坯加工成具有特定功能的零件?从工程角度讲,就是要知道针对这种材料,通过哪些工艺去一步步地逼近,最终得到结构、功能、性能达到要求的零件。工程素养就是解决问题的能力。

工程观,要有"可靠性"意识。产品的可靠性包括产品的适用性、耐久性、安全性等。产品在设计寿命内应能稳定地实现设计功能,故障少。

工程观,要有成本意识。科研技术人员在和企业家交流时,不能只谈项目的科学原理、算法等,必须意识到,企业既追求产品的先进性、适用性,也追求产品的性价比,控制产品的成本等。工程是人类有组织地综合运用多门科学技术进行大规模改造世界的活动,它除了要考虑技术的先进性和可行性,还要考虑成本和质量,做到经济、实用、美观。

工程观,要有效率意识。制造厂商必须快速响应市场、响应用户需求,才能赢得竞争。如手机生产厂每隔半年甚至几个月就要推出新产品,汽车制造商每年要推出新的车型。这里面实质上有设计、制造周期的问题。"并行工程"是很好的指导原则。产品开发人员从设计开始就要考虑产品寿命周期的全过程,在满足功能、性能的前提下,设计的产品要易于制造、便于装配,还需要考虑使用过程中方便维护乃至回收处理。

工程观,要善于使用先进的工具并充分发挥其效用。通过应用数字化样机、仿真分析、增强现实等技术,加快设计,及时改进,并让潜在的设计错误、用户可能不满意的方面等尽早在虚拟仿真中暴露出来,提前改进。这样,可以大量减少产品的缺陷。

培养大学生的工程观,就是要在工程训练中强调这些理念并尽可能地设计一些实践体验环节。当然,前提是要让大学生有足够的工程训练时间。

3. 质量观要面向竞争,聚焦产品性能

问:那么,什么是质量观?如何在工程训练中培养学生的质量观呢?

邵:质量观要面向竞争、聚焦性能,其核心是要树立竞争意识、市场意识。

产品的核心要素首先是质量。从宏观层面讲,质量为先,就是把质量作为建设制造强国的生命线,以质量引领制造业发展,将质量提升作为制造业发展的优先工作,推动制造业走以质取胜的发展道路。

高质量很大程度来自市场压力和竞争意识。因为你的竞争对手也在生产类似产品。如何超过竞争对手?最终靠的是产品的质量。

当今世界,"德国制造"是高质量的代名词。但"德国制造"的光环并非与生俱来。从历史上看,"德国制造"经历了由弱到强、由辱到荣的蜕变过程。德国工业发展早期,采用仿造英、法等国产品的做法,廉价销售冲击市场,遭到工业强国的唾弃。1876 年费城世博会上,"德国制造"被评为"价廉质低"的代表。那之后,德国意识到,要赢得竞争,必须靠质量而非价廉。德国人不断将质量观融入血液,紧紧抓住国家统一和第二次工业革命的战略机遇,改革创

新,锐意进取,通过对传统产业的技术改造和对产品质量的严格把关,大力发展钢铁、化工、机械、电气等制造业和实体经济。"德国制造"完成华丽蜕变,德国在一战前跃居世界工业强国之列。

在建设制造强国、推进经济高质量发展、实现中华民族伟大复兴的进程中,我们必须进一步加强对"质量强国"战略的认识——质量是制造业的核心竞争力,只有靠质量,产品才能赢得市场。

工程训练要着力培养大学生的质量观,将质量意识落实到学生工程训练的各个环节和所做的每件产品之中。要让大学生理解,产品质量的形成过程就是设计、制造、装配的过程,每个环节都不能出问题,否则一定会影响到最终产品的质量。

今天的工程训练,要让学生掌握更深层次的质量内涵。对机加工零件而言,质量不光有尺寸、公差、表面粗糙度等要求,还有性能、材料特性等多方面的要求。我们以前参加工程训练(那时候还叫作"金工实习"),把作品,比如小锤子做出来,拿着游标卡尺一量,尺寸多少,公差符合要求,就可以了。但现在我们要告诉学生,这个产品的品质还涉及显微裂纹、应力集中等。要建立起几何形貌、微观组织、力学特性的概念。今天的工程训练,要让学生更深入地检测自己做的零件,不仅宏观上做到"控形"——产品的几何形貌要达标,这是基本的;而且微观上做到"控性"——产品的微观组织、力学特性也要达标。要让学生建立"控形控性"认知。当然,工程训练中心要提供或借助科研实验室提供必要的检测手段。

我希望今天的学生在做工程实训产品的时候,跟三十多年前我们的制作观念有所不同;虽然产品是一样的,材料是一样的,工艺可能也是一样的。我们当年主要是看尺寸是否达到了、倒角是否都有、螺纹能不能被拧进去。今天的学生还应该理解产品质量更深层次的内涵,做出的产品是否经久耐用,还取决于其他一些重要因素。建立这种认识的学生将来走向社会、进入企业,一定会带来积极的变化和促进作用。

4.系统观要强调综合优化、整体效益

问:传统工程实践教学中,系统观强调得不多。但现代工业生产系统复杂,通常是大规模生产模式,树立系统观也是当代大学生的必备素养。在学校工程训练课程中如何加强系统观教学呢?

邵:要培养学生的系统思维,让他们知道,解决一个工程问题,需要具备多学科知识。比如,怎么焊好汽车"白车身"? 不是说有了激光器、工业机器人,就能把车身焊接出来;这里面还涉及焊接工艺优化、工装夹具定制、焊缝质量在线检测、自适应控制技术等系列问题,涉及机械、材料、光学、控制、力学等多学科。解决复杂工程问题的方案通常是系统层面的。

还要培养学生大工业生产背景下的系统观。大学工程训练一般以离散型制造训练为主,当然也有涉及流程型制造训练的。离散型制造业生产过程复杂,产品种类繁多,工艺路线和设备使用灵活,车间形态多样,运营维护复杂。工程训练中,要尽可能让学生了解:在现代化大规模生产、大批量产品制造中,计划、调度、执行、反馈,如何无缝对接、一体优化? 如何做到产品多而不乱、生产忙而有序? 工程训练中心车间布局的生产线涉及多个工序,如何在优化每道工序的基础上追求产线的综合优化? 片面追求单一工序的最优化很可能导致整体"生产过程"效率下降。要建立精益生产等概念,还要实践体验远程控制、在线检测、运行优化、节能环保、人机共融等新技术。我们培养卓越工程师,脑子里一定要有系统观,而不仅仅是懂机床操作。

系统观也包括责任观,要考虑全链条,考虑社会效益。比如,某些高速高精加工工艺能生产高品质的复杂产品,但其加工过程能耗很高,污染排放也严重,综合来看,其整体效益并非最大化。我们不一定让学生懂得生产过程的每个环节,但是要让学生学会思考:当一个方面有所改善时,会不会增加其他方面的损耗或影响？要让学生有一定的系统思维能力,建立全链条整体效益分析意识。

培养人文情怀对建立系统观很有帮助。小到锤子、大到产线,我们要做到每件产品都是"艺术精品"。系统观需要科技与人文交融,讲究人与社会、生态、环境和谐发展。这方面,不少大学已有积极的探索和实践。

5.工程训练要舍得投入,形神兼备

问:不少高校都在深化工程实践教育改革,推进工程训练实践平台建设。您认为,在工程训练实践平台建设升级过程中,要注意哪些方面?

邵:工程训练,要舍得让学生动手,让学生操作。工程训练实践教学一定要舍得投入,包括软硬件设备,尤其是耗材,一定要真刀实枪、真材实料地开展工程训练。我认为,生均实践耗材投入是衡量一所高校是否重视实践教学的重要指标。考核一所高校重不重视教学、重不重视实践环节:要看它真正用在学生身上的实践耗材数量是多少;要看学校财务报表,每年学生实践耗材究竟花了多少钱;学校的实践教学,到底是学生人人都动手,或是几名、几十名学生分组动手,还是老师演示给学生看;金属切削,到底是真材实料,还是用蜡模、木头等代替金属。用蜡模、木头等做作品,可以初步建立起加工的概念,但很难树立前面所说的质量观。只有真正保障实践教学经费投入,支持学生真实践,允许学生去试错,学生才能尽快真正掌握知识,练就过硬本领。

工程训练实践平台建设要做到"形神兼备"。"形"就是让学生对现代大工业生产甚至智能制造的形态有感官认识,能看到现代化生产或者说一定规模的生产是怎么组织的,是由哪些部分构成的。车铣磨、铸锻焊、增材制造、特种制造、加工中心、工业机器人、AGV①、制造执行系统等,这些都要有。工程训

①　自动导引车(automated guided vehicle)。

练面向不同专业,实践平台建设不可能面面俱到,但也不能太肤浅,要有一定深度,也就是说,要有"神"。"神"就是形态背后的"内涵","内涵"才是真正需要教给学生的东西。工程训练实践课程及平台建设,要花更多心思在内涵建设上。

工程训练培养学生,一方面不能本末倒置,"智能制造""大数据""云平台"等名词满天飞,只讲一点概念,什么都"不接地气",偏离了工程训练的初心;另一方面也不能"老气横秋",还是二三十年前的教学方案,还是车铣刨磨钳做一把锤子,要紧跟科技革命和产业变革的时代步伐。具体来讲,以智能制造为例。智能制造的主体在于制造,主导在于智能;制造追求的是产品的品质、生产成本的控制,以及上市的周期等。"智能"是为"制造"服务的,而制造的"魂"就是质量。因此,大数据、物联网也好,云计算、人工智能也罢,这些概念要在工程训练实践体系有所体现;但是,一定要让学生树立这样的观念:这些新技术的应用,是为产品的品质、成本、周期服务的。对工科学生而言,工程训练首先要培养专业知识能力,不能说面向智能制造高端人才培养,学生却不知道什么是铣的工艺,什么是磨的工艺。再怎么智能,再怎么工序复合,也是基于这些单元专业知识的综合集成。学生参加工程训练,首先要落脚到对工艺特点的认知上。

大学开设许多专业课程,特别是机械大类学生可能还要修读"机械设计""金属工艺学""机械制造基础"等课程。大学要考虑将某些专业课程或者专业课程的部分环节挪到工程训练中心现场上去,与现场装备的演示结合起来。一些复杂的理论知识、枯燥的结构原理、多样的运动方式,到工程训练中心现场一看就知道了。现场教学比黑板板书、播放课件(PPT)或视频教学有效得多。工程训练实践平台要同时为专业课程教学服务。

大学科研平台、重点实验室、工程中心的装备设施,要尽可能都纳入工程训练实践体系。这些高端装备都要向学生开放。当然,不一定是让学生动手操作这些装备。可以由专业人员操作,向学生演示讲解,让学生开眼界、长见识。高水平大学要让所有学生享受到最好的科研资源所带来的教育要素,要让最新的科研成果、最新的科研手段,服务于人才培养。

著名教育家、原华中工学院老院长朱九思曾说过,"科研是源,教学是流。"这个观点到现在都不过时!高校一定要重视科研成果向教学成果的转化,教学要反映最新科研成果,这样才能与时俱进、不误人子弟。

6. 智能制造工程训练的"三国六化一核心"

问:不少高校在以智能制造为特征建设新一代工程实践创新中心。您认为,智能制造工程训练的特点是什么?

邵:我在牵头承担几个全国智能制造试点示范项目时曾总结了"三国六化一核心",可供工程实践创新中心参考。

"三国"是指采用国产智能装备、国产数控系统、国产工业软件。习近平总书记指出:"新时代的中国青年要以实现中华民族伟大复兴为己任,增强做中国人的志气、骨气、底气"。我们要有信心使用国产软硬件,看到我国取得的成就并用上自主成果,同时也要了解与国外先进技术之间的差距,激发科技自立自强的信心和勇气。

"六化"是指实现装备自动化、工艺数字化、生产柔性化、过程可视化、信息集成化、决策自主化。我们建设智能产线、智能车间,就是运用各种数字化、智能化手段实现这"六化",当然还要实现"绿色化"。在以智能制造升级改造工程训练实践平台时,要让学生有机会实践并体验这些应用。

"一核心"是指智能工厂大数据。企业制造过程产生了很多数据,要善于挖掘、分析大数据背后隐藏的规律,这才是核心——"懂得如何做(know-how)"。在智能制造工程训练中,要让学生学习对制造大数据的挖掘和分析。

　　新工科建设不能丢掉魂,要重视对学生的工程观、质量观、系统观的培养,扎实推动工程实践教育高质量发展,加大对工程训练课程体系和实践平台的改造建设,提高学生的工程素养,强化质量意识,建立系统思维,培养一大批历史使命与专业精神兼具、堪当民族复兴重任的时代新人。

前　言

　　课程标准(academic benchmark)是规定某一门课程的课程性质、课程目标、课程内容、实施建议的教学指导性文件,是对学生在经过一段时间学习后应该知道什么和能做什么的界定和表述。它规定了不同阶段学生在知识与技能、过程与方法、情感态度与价值观等方面所应达到的基本要求。课程标准实质上反映了开课单位或教学主管部门对学生学习结果的期望。

　　习近平总书记指出:"标准决定质量,有什么样的标准就有什么样的质量,只有高标准才有高质量。"标准是质量的基础,课程标准是教学质量的基础。扎实提升课程质量,离不开高标准的引领和支撑;构建先进、有效、适用的工程训练课程标准,能够为工程训练教学质量评定提供基本依据。

　　教育是国之大计、党之大计。党的二十大报告首次将教育、科技、人才三大战略进行统筹部署,强调"坚持教育优先发展""办好人民满意的教育"。中央人才工作会议强调:"要培养大批卓越工程师,努力建设一支爱党报国、敬业奉献、具有突出技术创新能力、善于解决复杂工程问题的工程师队伍。"培养卓越工程师,必须大力提高工程实践教学质量。

　　工程训练中心是高校工程教育实践教学平台,是培养卓越工程师的摇篮。"工程训练"是高校面向各专业本科生开设的具有真实工程背景的实践课程,是工科教学规模最大、学生受众最多的实践课程,对培养学生的工程实践能力发挥着独特作用。

　　华中科技大学贯彻新发展理念,锚定建设世界一流工程训练中心目标,坚持以"智能制造"启智润心,以"中国制造"培根铸魂,高起点谋划、高标准推进、高质量打造新一代工程实践创新中心和新型工程训练课程,树立"培养大学生的工程观、质量观、系统观"的新理念,确立"做好一件产品,做好一批产品"的新主题,建立平台公共化、方案个性化、实践多维化的新模式,扎实提升实践育人能力,全面提高人才自主培养质量。

新一代工程实践创新中心是集金工实习、电工电子实习于一体的平台,是工程实践教育、创新教育、劳动教育三驾齐驱的平台,是贯彻 CDIO[①] 教育理念、设施完备、空间充足、布局优化、配套齐全的平台,是既服务全校性工程实践与创新教育,也为院系专业课程提供实践支持的公共平台,是显性专业教育与隐性思政教育协同育人的实践平台,是有力支撑专业评估认证和学科发展的工程实践平台。

新型工程训练课程响应国家需求,体现时代特征,将先进技术传授人,坚持"用最领先的理念、最前沿的科技、最先进的应用支撑人才培养"的理念,让学生有一流实践资源的获得感;面向工程实际,保障耗材投入,以真刀实枪磨炼人,将生均实践耗材投入视为衡量高校是否重视实践教学的重要指标,让学生有足够的工程训练机会和时间;扎根中国大地,秉承中国制造,以国产装备教化人,将学校最新科研成果反哺本科实践教学,引导大学生进一步坚定理想信念,增强民族自豪感和自信心;拓展全球视野,认清时代责任,以鲜活案例鼓舞人,发挥实践课程思政育人效果,让学生正确认识中国特色和国际比较,正确认识远大抱负和脚踏实地,自觉把个人的理想追求融入国家和民族的事业中;优化实践方案,坚持因材施教,全方位服务培养,激励学生练就过硬本领,勇于创新创造,在矢志奋斗中谱写新时代的青春之歌。

华中科技大学以智能制造统领"工程训练"课程改革升级,推动工程实践教育高质量发展,形成了智能制造工程训练华中大模式。这是对百年来我国

---

① 指"conceive(构思)""design(设计)""implement(实施)"和"operate(运行)"的英文首字母缩写。

高等教育工程训练实践育人模式的创新,在全国产生了较大影响。

《工程训练课程标准》是华中科技大学深化工程实践教育改革、扎实提升实践育人能力的教研成果之一,是华中科技大学近些年"工程训练"实践课程教学改革思索与探究的凝练和提升。本课程标准着眼于明确学生修习"工程训练"实践课程后应该掌握哪些基本知识、具备哪些基本技能、养成哪些基本素质。

本课程标准的研制,得到了国家级实验教学示范中心联席会工程训练学科组组长、国家级教学名师、大连理工大学梁延德教授和国家级实验教学示范中心联席会机械学科组组长、国家级教学名师、华中科技大学吴昌林教授的倾力支持,得到了上海大学胡庆夕教授、武汉理工大学王志海教授、江汉大学童幸生教授、华中科技大学赵永俭研究员、杨家军教授、周世权正高级工程师、李承教授、熊永红教授、陈吉红教授、刘怀兰教授等专家的悉心指导。本课程标准还参考借鉴了山东大学孙康宁教授等组织编写的《机械制造实习教学基本要求》等文献。

参与本课程标准编写的主要人员有:李昕、霍肖、程佩、孙祥仲、罗龙君、林晗、李萍萍、周琴、汪琦、吴志超、李华飞、周立、易奇昌、王亚辉、王俊敏、赵江涛、李兰、陈佳俊、熊大柱。本标准的研制,得到了华中科技大学工程实践创新中心和众多高校老师的帮助,在此一并表示衷心的感谢!

由于编者水平有限,且对工程训练实践教学的认识尚在深化提高的过程中,不当之处在所难免,敬请广大读者批评指正。

李昕

2023 年 3 月

目　　录

第一部分　课程性质 ………………………………………………………（1）

第二部分　课程结构 ………………………………………………………（3）

第三部分　课程目标 ………………………………………………………（9）

第四部分　教学基本要求 ………………………………………………（12）

第五部分　课程成绩评定 ………………………………………………（37）

第六部分　几点说明 ……………………………………………………（40）

附录一　华中科技大学工程训练实践平台的构建 …………………（44）

附录二　华中科技大学"工程训练"课程改革探索与实践 …………（63）

附录三　华中科技大学"工程训练"教学方案 ………………………（72）

参考文献 …………………………………………………………………（73）

后记 ………………………………………………………………………（75）

第一部分　课程性质

课程中文名称：工程训练

课程英文名称：Engineering Practice

"工程训练"是面向全校各专业一、二年级本科生开设的通识性实践教学环节，是我国高等工程教育本科教学课程体系中的实践性必修课程。"工程训练"是学习相关工程实践基础知识的重要环节，而这些工程实践基础知识是学习后续专业知识所必须了解和掌握的。

"工程训练"课程与现代工业制造技术相衔接，与现代工业实训紧密结合，是本科各专业学生围绕智能制造系统学习成形加工、切削加工、特种加工、电工电子等工艺基本原理和主要装备结构及其发展历程，训练相应操作技能，并学习相关设计、质量检验等基本知识，了解智能制造系统组成及其基本生产流程，培养学生的工程观、质量观、系统观的重要基础课程。学生通过参加工程训练掌握工艺知识，了解制造过程，训练操作技能，提高工程素养，强化质量意识，培养系统思维，树立知识赋能劳动、智能制造赋能制造业的高质量发展理念。

工程训练面向工程、聚焦工艺，真材实料、强化实践。学生应进行独立操作，在训练过程中有机地将基本工艺知识、基本工艺理论和基本工艺实践结合起来，同时重视工艺实践技能的提高。

工程训练有机融合劳动教育。在课程中，学校重视新知识、新技术、新工艺、新方法的运用，结合产业新业态、劳动新形态，强化劳动锻炼要求，让学生学会使用工具,掌握相关技术,培养创造性劳动能力,在动手实践的过程中创造有价值的物化劳动成果。持续实施实践现场"5S①"管理,融入教学日历,落到实践日常,在习惯养成中不断提升劳动品质。依托工程训练,培养大学生崇尚劳动、热爱劳动、辛勤劳动、诚实劳动的劳动精神和执着专注、精益求精、一丝不苟、追求卓越的工匠精神。

工程训练创新思政教学模式。在工程训练中普遍应用国产装备和国产软件,让学生在学习先进技术、练就过硬本领的实践中,目所能及之处都是中国制造,增强民族自豪感和自信心,坚定理想信念。同时,对比学习传统装备的数字化、网络化、智能化转型升级,见微知著,在中国装备发展变迁沿革中正确认识世界和中国发展大势,在中国制造与世界前沿的差距比较中正确认识时代责任和历史使命,从工业制造工艺革新攻坚克难历程中正确认识远大抱负和脚踏实地,自觉地把个人的理想追求融入到国家和民族的事业中去,勇做走在时代前列的奋进者、开拓者。

---

① "5S"是"seiri"(整理)、"seiton"(整顿)、"seiso"(清扫)、"seiketsu"(清洁)和"shitsuke"(素养)这5个日语罗马拼音词的缩写。

第二部分　课程结构

（一）实践单元

"工程训练"课程教学内容包括工艺基础训练和综合集成训练两种类型的若干实践单元。

1. 工艺基础训练

工艺基础训练按工艺设置不同的实践单元，使学生在掌握某一制造工艺基本知识、了解常见装备构成及发展历程的基础上掌握现代装备的操作技能，了解对应工艺、技术在现代制造过程中的应用，培养工程素养和质量意识。学生通过工艺基础训练，围绕某一制造技术，动手进行模型设计、工艺过程设计、加工制造、质量检验等全过程操作和练习，具备对简单零部件和小型产品进行工艺分析和选择加工方法的能力，加深对制造过程的感性认识。

工艺基础训练环节也包括智能制造、设计、质量检验与测量等实践单元。每个实践单元的学时是 1 天（8 学时）或者 0.5 天（4 学时）。

2. 综合集成训练

综合集成训练以设计制作具有指定功能的产品为载体，面向工程实际提出问题、分析问题并解决问题，将多种工艺知识、工程基本原理融入工程实践，规划工艺流程，规范实施步骤，针对某个工程问题开展构思、设计、制造、运行全过程训练,并初步评估对社会、健康、安全、法律以及文化等方面的影响,思考应承担的责任。学生通过综合集成训练,可以培养团队合作与沟通、工程管理等工程素质和创新能力。

综合集成训练的学时有 10 天、5 天或者 3 天等类型。

在"工程训练"课程总学时内,学生将总学时的三分之二用于参加由院系或专业指定的若干工艺基础训练单元,将总学时的三分之一用于完成一个自选的综合集成训练单元。

为保障实践效果,学生应在一段集中的时间内修习完所有应修的工艺基础训练单元(如,集中 3 周,每天参加工程训练),在分散的时间(如,每周固定 1 天,连续 10 周)内完成综合集成训练单元。受全校教学运行安排的部分因素制约,近些年来,学生改为按分散的时间每周固定 1 天参加工程训练。将来条件具备时,应力争将工艺基础训练环节恢复为集中的时间运行。

(二)课程系列

"工程训练"课程系列包括 8 门不同学分的课程,如表 1 所示。

表 1 "工程训练"课程系列

课程名称	课程编码	学分	学时	工艺基础训练天数	综合集成训练天数
工程训练(1)	ENG3511	2	4 周	金工或电工电子相关工艺训练,合计 20 天	0
工程训练(2)	ENG3581	1.5	3 周	金工或电工电子相关工艺训练,合计 15 天	0
工程训练(3)	ENG3541	1	2 周	金工或电工电子相关工艺训练,合计 10 天	0

续表

课程名称	课程编码	学分	学时	工艺基础训练天数	综合集成训练天数
工程训练（4）	ENG3531	1	10天	0	10天
工程训练（5）	ENG3521	0.5	5天	0	5天
工程训练（6）	ENG3561	1	2周	金工相关工艺训练，合计7天	3天
工程训练（7）	ENG3551	1	2周	电工电子相关工艺训练，合计7天	3天
工程训练（8）	ENG3571	0.5	1周	金工或电工电子相关工艺训练，合计5天	0

注:学时单位的换算关系为:1周(1w)为5天(5ds),1天(1d)为8学时(8hrs)。

（三）一院一方案、一生一课表

"工程训练"课程实行"一院一方案、一生一课表",保障院系、专业、学生的学习自主权和选择权,按照不同学科专业人才培养目标设置不同的教学实施方案,以适应不同专业的人才培养需求。

1.院系自主确定工程训练总学时

各院系自主确定本院系各专业的学生"工程训练"课程总学时,从6周到1周不等。

基于各院系自主确定的工程训练实践课程教学方案(2023版)(见本书附录三),院系、专业学生"工程训练"课程总学时如表2所示。

表2 "工程训练"学时与课程结构

总学时	课程结构	院系	专业
6周	工程训练(1)＋工程训练(4)	机械科学与工程学院	机械设计制造及其自动化(卓越工程师教育培养计划实验班)
5周	工程训练(1)＋工程训练(5)	材料科学与工程学院	材料成型及控制工程、材料科学与工程、电子封装技术
		船舶与海洋工程学院	船舶与海洋工程、轮机工程
4周	工程训练(1)	机械科学与工程学院	机械设计制造及其自动化、测控技术与仪器
		能源与动力工程学院	能源与动力工程、新能源科学与工程、核工程与核技术、储能科学与工程
	工程训练(2)＋工程训练(5)	航空航天学院	飞行器设计与工程
		生命科学与技术学院	生物医学工程、生物信息学
	工程训练(3)＋工程训练(7)	人工智能与自动化学院	人工智能、自动化
	工程训练(6)＋工程训练(7)	航空航天学院	工程力学、力学拔尖基地实验班

续表

总学时	课程结构	院系	专业
3周	工程训练（2）	机械科学与工程学院	工业工程
		土木与水利工程学院	水利水电工程
	工程训练（3）＋工程训练（8）	生命科学与技术学院	生物技术、生物制药、生物科学、生物科学与技术、生物医学工程
2周	工程训练（3）	机械科学与工程学院	产品设计
		土木与水利工程学院	土木工程
		环境科学与工程学院	环境工程
		人工智能与自动化学院	人工智能、智能医学工程
		电子信息与通信学院	电子信息工程、通信工程、电磁场与无线技术、信息类数理提高班、基于项目信息类专业教育实验班
		物理学院	物理学、应用物理学
		管理学院	财务管理、会计学、财政学、信息管理与信息系统、物流管理、管理学

总学时	课程结构	院系	专业
2周	工程训练(6)	环境科学与工程学院	给排水科学与工程、建筑环境与能源应用工程
	工程训练(7)	计算机科学与技术学院	计算机科学与技术、数据科学与大数据、物联网工程
		光学与电子信息学院	电子科学与技术、集成电路设计与集成系统、光电信息科学与工程、微电子科学与工程、"王大珩"光电创新实验班、光电信息与科学
		网络空间安全学院	网络空间安全、信息安全、密码科学与技术
		化学与化工学院	化学、应用化学
1周	工程训练(8)	电气与电子工程学院	电气工程及其自动化

2.院系、专业、学生自主选择确定工程训练实践单元组合

在课程既定总学时内,各院系确定本院系各专业的学生应修的工艺基础训练单元组合,学生自主选择综合集成训练单元。

各院系、专业的工程训练实践课程教学方案见本书附录三。

第三部分　课程目标

学生通过本课程学习和实践训练,掌握相关工艺基本知识和基本技能,熟悉工业制造的一般过程和相关职业规范,了解智能制造系统组成及基本原理,能够应用若干工艺知识和技能独立完成简单零部件和小型产品的加工制造,具备阅读简单零部件和小型产品工艺文件并选择加工方法的能力,初步建立现代制造工程概念,提升工程素养、强化质量意识、形成系统思维。

课程目标1:了解智能制造的一般生产过程,掌握工业制造相关工艺知识。熟悉有关工程术语,了解主要的技术文件、加工精度、产品质量、公差与技术测量等初步知识;掌握工业制造相关工艺知识,了解新工艺、新技术、新装备在现代工业制造中的应用;熟悉常见简单零部件及小型产品的加工制造或装配方法;了解产品质量相关检验方法。

课程目标2:学会使用相关设备和工具,掌握相关技能。了解数字化制造基本概念,熟悉产品三维数字模型构建方法,了解工艺模型以及仿真、数字孪生等基本概念;掌握相关工艺主要加工设备的选择标准,熟悉相关加工设备的结构组成、切削运动、用途及局限、安全操作等基本知识;熟悉常用加工设备相关工夹量具或仪器仪表等知识,正确选定刀具夹具及相关加工参数;熟悉常用加工设备的操作使用,初步具备简单零部件和小型产品加工、装配、调试能力,能够将单机操作与产线装备建立相互联系,形成要素与系统的感性认识。

课程目标3:提升工程素质,强化质量意识,建立系统思维。面向工程问题,能够基于相关背景知识进行合理分析,综合考虑产品可靠性、生产成本、制造效率等,提出解决问题的方案;能正确、合理地选择加工方法、制定工艺过程、进行工艺分析;理解机械加工精度与表面质量相关概念,建立"控形控性"感性认识,理解产品质量的形成过程就是设计、制造、装配的过程;能够在大工业生产背景下考虑全链条优化和整体效益,建立综合优化意识和系统思维,并能考虑社会、健康、安全、法律、文化及环境等方面的影响,理解应承担的责任。

课程目标 4:初步了解并遵守工程职业道德和规范。熟悉相关仪器设备安全操作规程,强化安全意识;了解生产现场"5S"管理的内容和要求,持续改进,精益求精,形成素养;培养正确劳动价值观和良好劳动品质,爱岗敬业,追求卓越,重视新知识、新技术、新工艺、新方法应用,创造性地解决实际问题;通过完成团队合作任务,培养组织、沟通、协作能力,勇于承担责任,提高团队合作意识。

课程目标与毕业要求对应矩阵图如表 3 所示。

表 3 课程目标与毕业要求对应矩阵图

毕业要求 课程目标	a	b	c	d	e	f	g	h	i	j	k	l
1			●									
2			●		●							
3			●			●	●				●	
4							●	●	●	●	●	

"工程训练"课程目标教学成果较好地支撑了《工程教育认证标准》(T/CEEAA 001——2022)毕业要求 c、e、f、h 的达成,对达到毕业要求 g、i、j、k 亦有贡献。课程目标教学成果对毕业要求的支撑关系如表 4 所示。

表 4 课程目标教学成果对毕业要求的支撑关系

毕业要求	毕业要求分解点	对应的课程目标
毕业要求 c 设计/开发解决方案:能够设计针对复杂工程问题的解决方案,设计满足特定需求的系统、单元(部件)或工艺流程,并能够在设计环节中体现创新意识,考虑社会、健康、安全、法律、文化以及环境等因素	(略)	课程目标 1 课程目标 2 课程目标 3
毕业要求 e 使用现代工具:能够针对复杂工程问题,开发、选择与使用恰当的技术、资源、现代工程工具和信息技术工具,包括对复杂工程问题的预测与模拟,并能够理解其局限性	(略)	课程目标 2
毕业要求 f 工程与社会:能够基于工程相关背景知识进行合理分析,评价专业工程实践和复杂工程问题解决方案对社会、健康、安全、法律以及文化的影响,并理解应承担的责任	(略)	课程目标 3
毕业要求 h 职业规范:具有人文社会科学素养、社会责任感,能够在工程实践中理解并遵守工程职业道德和规范,履行责任	(略)	课程目标 3 课程目标 4

第四部分　教学基本要求

一、工程训练绪论

教学形式：

以网络授课方式教学，不计入"工程训练"课内学时。学生在首次参加"工程训练"之前在线自学"工程训练绪论"，通过在线测试（含工程训练安全准入测试）后，方可到工程实践创新中心参加工程训练。

基本知识：

(1)了解离散型制造和流程型制造的特征与区别、制造业在国民经济中的地位和作用、我国制造业发展的主要战略、学校在制造领域的主要科研成果；

(2)了解工程训练课程性质及实践教学目的，了解"工程训练"与其他相关课程之间的联系，掌握"工程训练"课程教学环节设置、主要实践项目、教学安排、教学管理及考核要求；

(3)了解工程实践创新中心为学生主动实践提供的支持服务内容，熟悉中心大楼场地设置和各实践项目所在位置等信息；

(4)熟悉工程训练课程实践现场"5S"管理规范，掌握工程训练安全实践总体要求，掌握工程实践防护总体规范，掌握获得各实践现场具体安全操作规程和注意事项的途径及方法。

二、工艺基础训练

"工程训练"按 7 个板块设有 33 个工艺基础训练单元,如表 5 所示。

表 5　工艺基础训练单元设置

板块	工艺基础训练单元
成形加工	1.铸造成形;2.锻压成形;3.焊接成形;4.粉末成形(0.5 天);5.高分子材料成形(0.5 天);6.材料成形虚拟仿真(0.5 天)
切削加工	7.车削加工(分设 7.1 普通车削加工、7.2 数控车削加工);8.铣削加工(分设8.1普通铣削加工、8.2 数控铣削加工、8.3 多轴加工、8.4 五轴加工);9.磨削加工(0.5 天);10.钳工与装配
特种加工	11.电火花加工;12.激光加工;13.增材制造
电工电子	14.电子工艺与电子产品装配(分设 14.1 电子工艺基础、14.2 电子产品装配、14.3 电子开发原型平台应用);15.PCB 设计与制作;16.电工工艺;17.PLC 应用(分设 17.1 PLC 的开关量控制应用、17.2 PLC 的运动控制应用、17.3 基于 PLC 的人机界面应用)
智能制造	18.工业机器人(分设 18.1 工业机器人结构与装调、18.2 工业机器人基础应用);19.智能制造系统;20.智能制造生产运营虚拟仿真(0.5 天);21.智能制造企业认知实践

13

板块	工艺基础训练单元
设计	22. CAD/CAM；23. CAPP
质量检验与测量	24. 工业测量(0.5 天)

注：①括号内标注"0.5 天"的 6 个训练单元，学时均为 0.5 天，其余为 1 天；②激光加工、增材制造、CAD/CAM 等 3 个训练单元，有学时为 1 天和 0.5 天的不同教学方案；③"智能制造企业认知实践"单元为选做内容，学时为 1 天或 0.5 天，不计入"工程训练"课程学时；④工程训练实践教学实行"一院一方案、一生一课表"，不同院系、专业的学生应修工艺基础训练单元的组合不同，由院系指定。

(一)成形加工

1. 铸造成形

学时：1 天。

人机比：2 名指导教师协作指导不超过 40 名学生。在砂型铸造环节，每 1 名学生 1 台计算机及相关软件，每 10～14 名学生 1 台 3D 砂型打印机；在压力铸造和挤压铸造环节，分 2 组(每组 15～20 名学生)交替使用压铸产线和挤压铸造机。

基本知识：

(1)熟悉铸造生产工艺过程、特点和应用，了解常用铸造方法的特点和应用；

(2)了解型砂、芯砂、造型、造芯、合型、熔炼、浇注、落砂、清理，了解常见铸造缺陷的成因及质量控制工艺；

(3)熟悉砂型铸造、压力铸造和挤压铸造的原理、特点和应用；

(4)了解铸造的生产安全技术、环境保护,并能进行简单经济分析。

基本技能:

(1)掌握简单砂型铸件的砂型、砂芯、浇注系统设计及其三维建模方法;

(2)掌握使用3D打印机制造砂型、砂芯及浇注系统的技能;

(3)熟悉合型、浇注、铸件的落砂和清理等工艺操作。

2. 锻压成形

学时:1天。

人机比:2名指导教师协作指导不超过40名学生。在冲压模具拆装训练环节,每3~4名学生1套模具;在锻造和旋压训练环节,分2组(每组15~20名学生)交替使用数控旋压机和智能锻造产线。

基本知识:

(1)熟悉锻压生产工艺过程、特点和应用,了解常用锻压方法的特点和应用;

(2)了解坯料的加热、常见坯料的锻造温度范围,了解常见锻造缺陷;

(3)了解锻造、冲压、旋压的工艺特点、模具结构组成、关键工艺参数及控制要点;

(4)了解锻造产线的组成及关键技术,了解冷冲压工艺、模锻工艺、高速自动化冲压技术、智能锻造技术等工艺原理和技术;

(5)了解锻压的生产安全技术、环境保护,并能进行简单经济分析。

基本技能:

(1)掌握冲压模具拆装技能;

(2)了解齿轮模锻生产线的生产工艺流程,熟悉上下料机器人、自动化加热转底炉、数控模锻伺服液压机、高温锻件自动化三维测量系统等主要设备的操作方法;

（3）了解使用旋压机进行回转体零件加工的技能。

3.焊接成形

学时：1天。

人机比：2名指导教师协作指导不超过40名学生，共用1套冲压焊接产线（包括自动上下料机器人、数控转塔冲床、数控折弯机、焊接机器人和焊接过程监控系统）；期间，每6～8名学生为一组交替应用3台氩弧焊、3台气保焊、2台点焊设备。

基本知识：

（1）熟悉焊接生产工艺过程、特点和应用，了解常用焊接方法的特点和应用；

（2）了解电弧焊的种类和主要技术参数、焊接接头形式、坡口形式及不同空间位置的焊接特点，熟悉焊接工艺参数及其对焊接质量的影响，了解常见焊接缺陷；

（3）了解焊接成形生产系统的基本组成，了解工业互联网、机器人及CAE（computer aided engineering，计算机辅助工程）在焊接生产中的应用；

（4）熟悉机器人弧焊、气体保护焊、电阻点焊等焊接工艺，了解无损探伤方法；

（5）了解焊接的生产安全技术、环境保护，并能进行简单经济分析。

基本技能：

（1）掌握机器人弧焊工作站编程技能，熟悉冲压与焊接生产线的工艺流程设计、数控冲压和折弯编程、冲压焊接产线运行操作方法；

（2）熟悉点焊、气保焊、氩弧焊等手工焊接方法；

（3）了解使用超声波探伤机检测焊缝内部缺陷的方法。

4.粉末成形

学时:0.5 天。

人机比:2 名指导教师协作指导不超过 40 名学生,共用 6 台粉末成形压力机、6 台小型流延成形平台、1 台金属粉末注射机、1 台陶瓷粉末注射机、1 台脱脂炉、1 台高温烧结炉、1 台真空烧结炉。

基本知识:

(1)熟悉粉末成形工艺过程、特点和应用,了解常见粉末成形方法的特点和应用;

(2)熟悉干压、流延及注射成形工艺过程,了解模具结构,了解常见成形缺陷;

(3)了解粉末成形生产安全技术、环境保护,并能进行简单经济分析。

基本技能:

(1)熟悉粉末成形压力机的操作;

(2)熟悉小型流延成形机的操作;

(3)熟悉粉末注射机的操作。

5.高分子材料成形

学时:0.5 天。

人机比:2 名指导教师协作指导不超过 40 名学生,共用 1 套高分子材料成形产线。

基本知识:

(1)了解高分子材料成形工艺过程、特点和应用,了解常用高分子材料成形方法的特点和应用;

(2)熟悉 IMD(in-mold decoration,模内装饰)技术和注塑成形工艺过程,

了解注塑模具结构,了解常见成形缺陷;

(3)了解基于 IMD 技术的塑料制品自动化生产全流程及控制技术;

(4)了解高分子材料成形生产安全技术、环境保护,并能进行简单经济分析。

基本技能:

(1)掌握注塑机的操作以及工艺参数的调整方法;

(2)了解注塑 CAE 软件的使用方法。

6.材料成形虚拟仿真

学时:0.5 天。

人机比:2 名指导教师协作指导不超过 40 名学生。在虚拟仿真实践环节,每 1 名学生 1 套虚拟仿真工作站;在虚拟现实实践环节,每 8 名学生 1 套虚拟现实系统。

基本知识:

(1)了解常用材料成形工艺的原理、特点及应用;

(2)了解铸造、冲压、焊接等材料成形工艺过程。

基本技能:

略。

(二)切削加工

7.车削加工

7.1　普通车削加工

学时:1 天。

人机比:1 名指导教师指导不超过 8 名学生,每 1 名学生 1 台普通车床。

基本知识：

（1）了解车床的型号，熟悉普通卧式车床的组成、运动、传动系统及用途；

（2）熟悉常用车刀的组成和结构、车刀的主要角度及其作用，了解对刀具材料性能的要求；

（3）了解轴类、盘套类零件装夹方法的特点，了解车床主要附件的结构和用途；

（4）掌握车削加工方法的工艺过程、特点及应用。

基本技能：

（1）掌握车刀及工件的安装方法，能按零件的加工要求正确使用刀具、夹具、量具；

（2）掌握车端面、车外圆和台阶、孔加工、切槽与切断、车锥面、车回转成形面、滚花等加工技能。

7.2 数控车削加工

学时：1 大。

人机比：2 名指导教师协作指导不超过 40 名学生，每 1～2 名学生 1 台数控车床。

基本知识：

（1）了解金属切削加工的基本知识；

（2）了解数控车床的基本组成、控制原理，了解车床的发展历程和未来发展趋势；

（3）了解数控车削的加工范围、零件的加工工艺；

（4）了解数控车床指令字符，熟悉数控车床常用指令。

基本技能：

（1）掌握数控车床基本操作，掌握简单零件加工的编程方法；

（2）了解数控车床的刀具选择，掌握数控车床对刀操作；

（3）掌握车端面、车外圆和台阶、孔加工、切槽与切断、车锥面、车回转成形面的数控加工技能。

8.铣削加工

8.1　普通铣削加工

学时：1 天。

人机比：1 名指导教师指导不超过 15 名学生，每 2～4 名学生 1 台普通铣床。

基本知识：

（1）了解常用普通铣床的组成、运动和用途；

（2）了解普通铣床常用刀具和附件的结构、用途及简单分度的方法；

（3）掌握普通铣削加工的工艺特点及加工范围。

基本技能：

（1）掌握铣平面、铣斜面、铣沟槽的加工技能。

8.2　数控铣削加工

学时：1 天。

人机比：1 名指导教师指导不超过 20 名学生，每 4～5 名学生 1 台数控铣床。

基本知识：

（1）了解数控铣床的基本组成、控制原理，了解铣床的发展历程和未来发展趋势；

（2）了解数控铣削的加工范围、零件的加工工艺；

（3）了解数控铣床指令字符，熟悉数控铣床常用指令。

基本技能：

（1）掌握数控铣床基本操作，掌握简单零件加工的编程方法；

(2)了解数控铣床的刀具选择,掌握数控铣床对刀操作;

(3)掌握铣平面、铣斜面、铣沟槽的数控加工技能。

8.3 多轴加工

学时:1天。

人机比:2名指导教师协作指导不超过40名学生,每4～5名学生1台加工中心。

基本知识:

(1)了解加工中心的发展及应用;

(2)熟悉加工中心的组成、特点、操作要求;

(3)掌握加工中心自动编程的基础知识及基本编程指令。

基本技能:

(1)掌握加工中心的对刀操作;

(2)掌握三轴/四轴加工中心基本操作,熟悉平面类、三维曲面零件的加工技能。

8.4 五轴加工

学时:1天。

人机比:2名指导教师协作指导不超过40名学生,每4～5名学生1台五轴加工中心。

基本知识:

(1)了解五轴加工中心的基本结构、组成及特点;

(2)了解高速高精加工的特点及在生产中的应用;

(3)掌握五轴加工中心的基本编程指令;

(4)了解五轴加工中心加工的工艺规划。

基本技能:

(1)掌握五轴加工中心的对刀操作;

(2)掌握五轴加工中心基本操作,掌握叶轮类、曲面类零件的加工技能。

9. 磨削加工

学时:0.5 天。

人机比:3 名指导教师协作指导不超过 40 名学生,每 5～7 名学生 1 台磨床。

基本知识:

(1)了解磨削原理、特点、加工范围,了解磨床结构、型号;

(2)了解砂轮的构成、分类、使用安全注意事项;

(3)了解磨削液种类及其应用;

(4)了解工件装夹方法。

基本技能:

(1)熟悉磨外圆的数控加工方法;

(2)了解磨平面的加工方法。

10. 钳工与装配

学时:1 天。

人机比:2 名指导教师协作指导不超过 40 名学生,每 1 名学生 1 张钳工工作台、1 套钳工工具。

基本知识:

(1)了解钳工的特点、加工范围、应用和安全操作要求;

(2)了解台钻、立钻的结构组成、加工范围和应用;

(3)了解机械装配的基本知识、机械装配工艺过程和典型零件的装配方法;

(4)了解互换性、尺寸与配合精度等基本概念。

基本技能：

（1）掌握钳工基本操作，掌握划线、锯切、锉削、孔加工、攻螺纹、手工折弯等的操作技能；

（2）掌握机械装配常用工具的使用，熟悉螺纹连接装配的操作方法，了解齿轮件安装、轴承件安装、锥齿轮轴组件装配的操作方法。

（三）特种加工

11.电火花加工

学时：1 天。

人机比：2 名指导教师协作指导不超过 40 名学生。在电火花线切割环节，每 5～7 名学生 1 台电火花线切割机床；在电火花成形实践环节，每 8～10 名学生 1 台电火花成形机。

基本知识：

（1）了解电火花加工的基本原理、特点、应用及分类；

（2）了解电火花线切割的基本概念及加工原理；

（3）掌握电火花线切割加工工艺，了解穿孔加工、成形加工工艺。

基本技能：

（1）掌握电火花线切割机床基本操作，掌握简单零件加工编程方法，熟悉加工工艺参数的选择；

（2）熟悉电火花高速穿孔机基本操作技能，了解电火花成形机基本操作方法。

12.激光加工

学时：1 天/0.5 天（基本知识与基本技能中，标注"＊"者为仅用于 1 天学时类型）。

人机比：2名指导教师协作指导不超过40名学生，共用1台激光内雕机、3台激光雕刻机、6台光纤激光打标机。

基本知识：

（1）了解激光加工的基本原理、发展和应用领域；

（2）了解激光切割、激光焊接、激光标记、激光雕刻等设备的工作原理、加工范围。

基本技能：

（1）掌握激光加工用工程图的一般设计方法；

（2）掌握激光标记、激光雕刻、激光内雕*等加工设备的基本操作；

（3）了解激光切割*、激光焊接*等加工设备的基本操作。

13. 增材制造

学时：1天/0.5天（基本知识与基本技能中，标注"*"者为仅用于1天学时类型）。

人机比：2名指导教师协作指导不超过40名学生。在3D打印实践环节，每1名学生1台3D打印机；在三维扫描实践环节，每12~14名学生1台三维扫描仪。

基本知识：

（1）了解3D打印的原理、特点、应用及主要工艺；

（2）熟悉3D打印机的操作技术要点；

（3）了解面向3D打印的模型设计，熟悉简单零件的三维建模；

（4）了解三维扫描的原理、特点及相关设备操作方法*。

基本技能：

（1）掌握简单零件的三维建模设计方法；

(2)掌握通过三维扫描软硬件获取 3D 数字模型的工艺方法*；

(3)掌握 3D 打印分层软件和 3D 打印机基本操作,具备分析提升 3D 打印产品质量措施并应用的能力。

(四)电工电子工艺

14.电子工艺与电子产品装配

14.1 电子工艺基础

学时:1 天。

人机比:2 名指导教师协作指导不超过 40 名学生,每 1 名学生 1 个电子工艺实习标准工位。

基本知识:

(1)掌握常用电子元器件的识别与测试基础知识;

(2)了解锡焊机埋和特点,了解焊接材料、焊接与装配,了解电子工业生产中焊接技术的种类及应用;

(3)了解电子元器件引线成型工艺规范;

(4)了解手工锡焊技术要点、锡焊质量判别标准及影响因素、锡焊缺陷及产生的原因。

基本技能:

(1)掌握常用电子元器件的识别与测试方法;

(2)熟悉数字万用表、直流稳压源、信号发生器、示波器、LCR 数字电桥等电子仪器仪表的操作,熟悉使用相关电子仪器仪表对常用电子元器件质量进行检测的方法;

(3)掌握手工锡焊工艺,掌握电子焊接和装配工具的使用方法;

(4)熟悉拆焊、再焊的方法和技术要领。

14.2　电子产品装配

学时：1天。

人机比：2名指导教师协作指导不超过40名学生，每1名学生1个电子工艺实习标准工位。

基本知识：

(1)了解表面贴装技术(surface mount technology，SMT)基本知识、SMT生产线基本组成及主要设备；

(2)了解常用SMT元器件；

(3)了解SMT产品的装配；

(4)熟悉电子产品焊接质量检验方法，熟悉SMT产品的返修方法。

基本技能：

(1)掌握SMT产品装配工艺流程，掌握简单电子产品装配调试的基本方法；

(2)熟悉信号发生器、示波器、LCR数字电桥等电子仪器仪表的操作，熟悉使用相关电子仪器仪表对简单电子产品进行检测、故障排除、调试的方法。

14.3　电子开发原型平台应用

学时：1天。

人机比：2名指导教师协作指导不超过40名学生，每2名学生1套电子开发原型平台套件。

基本知识：

(1)了解Arduino开发板或SMT32开发板的基本知识；

(2)了解电子开发原型平台的主控板和拓展板的端口、功能模块以及应用软件编程环境。

基本技能：

(1)熟悉应用电子开发原型平台搭建具备自动循迹、红外追踪、机械臂搬运等功能的电子装置的方法。

15.PCB 设计与制作

学时:1 天。

人机比:2 名指导教师协作指导不超过 40 名学生。PCB 设计环节,每 1 名学生 1 台计算机及其软件;PCB 制板环节,每 3~4 名学生 1 台 PCB 数控钻铣雕一体机。

基本知识:

(1)了解印制电路板(printed circuit board,PCB)基本知识及分类;

(2)熟悉简单电子线路 PCB 计算机辅助设计方法;

(3)了解 PCB 制作工艺分类及特点,了解化学刻蚀法、机械雕刻法、激光雕刻法、液态金属打印法等 PCB 制作工艺。

基本技能:

(1)掌握使用 PCB 辅助设计软件进行简单电子线路图及其 PCB 图设计的方法;

(2)掌握使用 PCB 雕刻机制作刚性单面印制电路板的操作技能;

(3)了解使用液态金属打印机制作柔性电子作品印制电路板的方法。

16.电工工艺

学时:1 天。

人机比:2 名指导教师协作指导不超过 40 名学生,每 2 名学生 1 个电工工艺实习工位。

基本知识:

(1)了解家用配电和安全用电基本知识;

(2)了解双开双控照明系统接线原理和测试方法;

(3)了解基于蓝牙 Mesh 网关和 Wi-Fi 的 SDK 开发板配网及控制方法。

基本技能：

(1)熟悉电工常用工具及仪表的使用,初步掌握家用配电线路连接,掌握双开双控照明电路的设计安装;

(2)了解通过蓝牙或 Wi-Fi 配网实现常见家居电器(电风扇、照明电器、插座、电动窗帘等)智能控制的方法。

17. PLC 应用

17.1　PLC 的开关量控制应用

学时:1 天。

人机比:2 名指导教师协作指导不超过 40 名学生,每 2 名学生 1 个 PLC 实践平台。

基本知识：

(1)了解 PLC 的定义、结构、工作原理及开关量控制的应用;

(2)熟悉全集成自动化编程软件的运行环境及结构;

(3)掌握输入/输出映像寄存器、位存储器、定时器、计数器的概念;

(4)掌握常开、常闭、输入、输出、比较操作等指令命令;

(5)掌握利用相关指令设计简单的顺序控制程序的基本思路和方法。

基本技能：

(1)能结合硬件特点进行 PLC 硬件组态及 I/O 变量分配;

(2)熟练操作编程软件,进行梯形图程序编制、编译、下载、运行等操作;

(3)具有基于顺序控制思路的 PLC 梯形图编程能力;

(4)具有完成简单 PLC 顺序控制系统的调试、运行和分析的能力。

17.2　PLC 的运动控制应用

学时:1 天。

人机比:2 名指导教师协作指导不超过 40 名学生,每 2 名学生 1 个 PLC 实践平台。

基本知识:

(1)了解基于 PLC 的运动控制的原理及应用;

(2)了解步进电机的结构和工作原理;

(3)熟悉全集成自动化编程软件的运行环境及结构;

(4)掌握轴启动、正反转控制、回原点、定位等运动控制指令;

(5)掌握利用工艺对象指令设计简单的运动定位控制程序的基本思路和方法。

基本技能:

(1)熟练对 PLC 的轴工艺进行组态和调试;

(2)熟练操作编程软件,掌握运动控制指令的应用;

(3)具有基于运动控制的 PLC 梯形图的编程能力;

(4)具有利用 PLC 对步进电机的简单运动控制系统进行调试、运行和分析的能力。

17.3 基于 PLC 的人机界面应用

学时:1 天。

人机比:2 名指导教师协作指导不超过 40 名学生,每 4 名学生 1 个 PLC 综合平台。

基本知识:

(1)了解人机界面(human machine interface,HMI)的相关知识并掌握 HMI 界面设计的方法;

(2)熟悉全集成自动化编程软件的运行环境及结构;

(3)熟悉立体仓库的硬件结构及仓储数据处理规则;

(4)掌握数学函数指令、比较指令以及移动等控制指令;

（5）使用 HMI 对元素（如按钮、I/O 域）和对象（圆形、方形等）进行设计。

基本技能：

（1）掌握硬件设备 PLC 和 HMI 的组态和通信；

（2）熟练使用 HMI 进行界面设计完成对立体仓库实时画面的监测和控制；

（3）熟练使用编程软件，利用相关指令进行立体仓库各仓位信息和数据交互的梯形图控制程序的编写；

（4）具有完成基于 PLC 的简单人机交互界面设计应用的能力。

（五）智能制造

18. 工业机器人

18.1　工业机器人结构与装调

学时：1 天。

人机比：2 名指导教师协作指导不超过 40 名学生。在工业机器人机械装调虚拟仿真环节，每 1 名学生 1 个工业机器人机械装调虚拟仿真平台；在工业机器人机械装调实操环节，每 4～5 名学生 1 个工业机器人装调平台。

基本知识：

（1）了解工业机器人的组成、常见分类及其行业应用；

（2）了解关节机器人的机械结构、工作原理；

（3）掌握产品装配图、产品装配工艺规程基本知识。

基本技能：

（1）通过合作拆解并还原一台关节机器人，了解工业机器人机械结构，掌握机械产品的拆卸和装配工艺过程；

（2）掌握常用拆卸和装配工具的使用。

18.2　工业机器人基础应用

学时:1天。

人机比:2名指导教师协作指导不超过40名学生。在工业机器人基础操作训练环节,每1名学生1个机器人理实一体化实践工位;在工业机器人典型应用编程训练环节,每4名学生1个工业机器人多功能应用工作站。

基本知识:

(1)了解工业机器人的自由度和工作空间;

(2)了解工业机器人的常见传感器和末端夹具;

(3)了解工业机器人示教再现编程和离线编程的概念及特点,掌握工业机器人示教的主要内容,了解示教编程常见指令。

基本技能:

(1)熟悉通过示教编程实现工业机器人简单轨迹规划、搬运、码垛和视觉分拣等典型应用的方法。

19.智能制造系统

学时:1天。

人机比:2名指导教师协作指导不超过40名学生。在智能制造产线总体认知和产品设计实践环节,每1名学生1个总控室工位;在智能制造产线生产全流程跟踪管控实践环节,每1组学生(6~8人)1个产线加工岛。

基本知识:

(1)了解智能制造的意义和三个基本范式,初步认识"以智能制造为主攻方向推动产业技术变革和优化升级"的内涵;

(2)了解智能制造的系统组成与系统集成,了解物联网和智能制造技术相关具体应用;

(3)了解智能制造系统实现"提质、降本、增效"(提高产品质量、降低制造成本、增加生产效益)的一般方法。

基本技能:

(1)了解智能制造产线生产准备、生产实施、生产跟踪等生产管理基本操作。

20. 智能制造生产运营虚拟仿真

学时:0.5 天。

人机比:2 名指导教师协作指导不超过 40 名学生,每 1～2 名学生 1 套虚拟仿真工作站。

基本知识:

(1)了解智能制造企业管理信息系统架构、制造运营管理(manufacturing operation management,MOM)系统的定义及功能;

(2)了解智能制造车间借助 MOM 系统开展生产管理、物料管理、质量管理、设备管理等制造运营管理的主要流程。

21. 智能制造企业认知实践

本单元为选修环节,学时一般为 0.5 天或者 1 天,不计入"工程训练"课内学时。

学生在校内工程实践创新中心参加工程训练,掌握常见制造工艺基本特点,了解智能制造工程实践基础知识后,在老师带领下到相关智能制造企业实地参观,加深对现代化工业制造的生产过程和加工工艺、智能制造技术在工业生产中的应用的直观认识。

参观后,应组织学生研讨交流或者撰写认知实践报告。通过交流或撰写报告,系统回顾总结认知实践全过程,升华实践教学感性认识,提高认知实践效果。

基本知识：

（1）了解所参观企业（生产线）的生产制造流程，了解其主要制造环节的工艺过程；

（2）了解所参观企业信息化与工业化的融合发展，以信息化带动工业化、以工业化促进信息化，加强数字产业化和产业数字化进程的模式和步骤；

（3）了解所参观企业智能制造场景，了解其围绕技术、装备、工艺、软件等要素打造的智能制造解决方案。

（六）设计

22.CAD/CAM

学时：1天/0.5天（基本知识与基本技能中，标注"＊"者为仅用于1天学时类型）。

人机比：2名指导教师协作指导不超过40名学生，每1名学生1台计算机（安装相应软件）。

基本知识：

（1）了解CAD（computer aided design，计算机辅助设计）的基本原理及发展概况；

（2）了解基本的参数化三维设计方法；

（3）了解自动数控编程的基本工艺流程及要点＊。

基本技能：

（1）掌握典型简单零件的三维实体造型及自动编程；

（2）了解典型简单零件的三轴数控铣削自动编程＊。

23.CAPP

学时：1天。

人机比:2 名指导教师协作指导不超过 40 名学生,每 1 名学生 1 台计算机(安装相应软件)。

基本知识:

(1)了解机械制造工艺过程设计的基本知识,了解 CAPP(computer aided process planning,计算机辅助工艺规划)的基本原理及发展概况;

(2)了解机械加工工艺规程的组成、常用工艺文件的制订;

(3)了解机械制造工艺方案技术经济性分析初步知识。

基本技能:

(1)熟悉使用工艺设计软件制订机械制造工艺规程的基本方法。

(七)质量检验与测量

24. 工业测量

学时:0.5 天。

人机比:2 名指导教师协作指导不超过 40 名学生,每 2 名学生 1 套测量仪器。

基本知识:

(1)了解机械零件几何精度基本知识;

(2)了解工业测量的基本概念、测量方法、测量误差;

(3)掌握常用量具量仪的工作范围、测量精度;

(4)了解三坐标测量机的工作原理、测量精度。

基本技能:

(1)掌握外径千分尺、内径千分尺、百分表、千分表、塞尺、粗糙度测量仪、偏摆仪等常用量具、量仪的使用方法;

(2)了解三坐标测量机的使用方法。

三、综合集成训练

项目要求：

综合集成训练按以下 4 种类型设置，每种类型开设多个实践教学项目：

(1)A 类机电结合式综合集成训练项目(学时：10 天)；

(2)B 类机电结合式综合集成训练项目(学时：5 天)；

(3)切削加工综合训练项目(学时：3 天)；

(4)电工电子综合训练项目(学时：3 天)。

由 3～5 名学生组成团队，按所属院系、专业的"工程训练"教学实施大纲指定类型选择对应综合集成训练项目，通过团队分工与合作，在指定学时内完成项目任务书规定的实践内容。在团队组合时，应尽可能组成多学科背景的学生团队。

每个综合集成训练项目均应定位于解决某个复杂工程问题，体现多个制造工艺和环节。综合集成训练项目任务应包括构思、设计、制作、运行等环节，团队学生协作制作有形的实物作品并使之可运行，达到项目任务书指定的功能及指标。

每个综合集成训练项目均明确先修工艺基础训练项目；如有学生没有修满指定的先修工艺基础训练项目，自行加修未修的工艺基础训练项目后才能参加该综合集成训练项目。

基本知识：

(1)了解 CDIO(构思、设计、实施、运行)全过程，掌握集成创新的原理和综合工艺流程设计方法；

(2)了解工程职业道德和规范。

基本技能：

(1)能够根据项目任务书，设计解决方案，设计满足特定需求的系统、单元(部件)或工艺流程，并能够在设计环节中体现创新意识，考虑社会、健康、安全、法律、文化以及环境等因素；

(2)能够针对复杂工程问题，开发、选择与使用恰当的技术、资源、现代工程工具和信息技术工具，包括对复杂工程问题的预测与模拟，并能够理解其局限性；

(3)能够基于工程相关背景知识进行合理分析，评价专业工程实践和复杂工程问题解决方案对社会、健康、安全、法律以及文化的影响，并理解应承担的责任；

(4)具有人文社会科学素养、社会责任感，能够在工程实践中理解并遵守工程职业道德和规范，履行责任。

第五部分　课程成绩评定

"工程训练"课程总评成绩按百分制计。

评定课程成绩时,先按各应修训练项目(工艺基础训练项目、综合集成训练项目)分别计算单元成绩(百分制计);各单元成绩的算术平均分即"工程训练"课程总评成绩。任一应修训练项目缺席,应补修该训练项目;任一应修训练项目单元成绩低于 60 分,需重修该训练项目。学生必须完成全部应修训练项目并均取得单元成绩方可取得课程总评成绩。

各训练项目(含综合集成训练项目)单元成绩由基本操作(占 40%)、任务完成质量(占 40%)、安全实践(占 10%)、文明实践(占 10%)四部分构成,如表 6 所示。

表 6　"工程训练"单元成绩评定构成

评定项	优秀	良好	及格	需要改进
基本操作(课程目标 1、2),40 分	>35 分 通过指导,能按照工艺文件和操作规程熟练规范操作设备、工具和仪器	35~29 分 通过指导,能按照工艺文件和操作规程较熟练、规范操作,并根据指导意见对偶尔操作失误进行纠正	28~24 分 通过指导,能进行基本操作,并根据指导意见对错误操作部分进行修正	<24 分 在指导下操作不熟练、不规范,出现多次错误操作,需反复改进

评定项	优秀	良好	及格	需要改进
任务完成质量（课程目标3），40分	>35分 能正确理解产品的质量（功能）要求，合理运用恰当的工艺路线制作出产品，实现指定功能，产品质量（功能）达标、经济性能好	35～29分 按照质量（功能）要求，运用恰当的工艺路线制作出产品，较好实现指定功能，产品质量（功能）达标、经济性能较好	28～24分 根据质量（功能）要求制作出产品，实现指定功能，产品质量基本合格	<24分 对质量要求不明确，缺乏质量意识，产品质量不过关、功能不达标，返工较多
安全实践（课程目标4），10分	9～10分 熟悉并掌握基本设备、工具和仪器的安全操作规程并正确使用	8分 明确基本设备、工具和仪器的安全操作规程，在指导下正确使用	6～7分 了解基本设备、工具和仪器的安全操作规程，对偶尔失误予以改正	<6分 对基本设备、工具和仪器的安全操作规程了解甚少，存在较多不正确使用行为

续表

评定项	优秀	良好	及格	需要改进
文明实践（课程目标4），10分	9～10分 具备优秀工程素养，明确职业道德；遵守实践纪律，无迟到早退行为；整顿、清扫到位，实践现场环境整洁	8分 具备良好工程素养，明确职业道德；遵守实践纪律，无迟到早退行为；整顿、清扫做得较好	6～7分 基本具备工程素养；遵守实践纪律，虽有迟到行为但能认识改进；整顿、清扫意识还有待进一步提高	<6分 不遵守实践纪律，存在迟到早退现象，未做到整顿、清扫

其中，对于"任务完成质量"部分的评分，各训练项目应制订"实践作品质量检验标准及评分细则"，量化对学生作品质量的尺寸、公差、表面粗糙度、性能、材料特性等方面的考核要求，将质量意识落实到工程训练各个环节和每件产品制作中。

第六部分 几点说明

(一)工程观、质量观、系统观的培养

工程训练要着力培养学生的工程观、质量观、系统观。

1.工程观要面向问题、面向需求、面向应用

树立学生的工程观,提升其工程素养,首先要帮助学生建立起面向问题、面向应用、面向现实需求的意识。最重要的工程素养是能发现问题和提出解决问题的方案。

工程观,要有可靠性意识、成本意识、效率意识,要善于使用先进的工具并充分发挥其效用。

培养学生的工程观,就是要在工程训练中强调这些理念并尽可能地设计一些实践体验环节。当然,前提是要让学生有足够的工程训练时间。

2.质量观要面向竞争,聚焦产品性能

质量观要面向竞争、聚焦性能,其核心是要树立竞争意识、市场意识。

产品的核心要素首先是质量。工程训练要着力培养学生的质量观,将质量意识落实到学生工程训练的各个环节和所做的每件产品之中。要让学生理解,产品质量的形成过程就是设计、制造、装配的过程,每个环节都不能出问题,否则一定会影响到最终产品的质量。

工程训练要让学生掌握更深层次的质量内涵,建立"控形控性"认知,建立起几何形貌、微观组织、力学特性的概念。工程训练的作品,不仅宏观上做到"控形"——产品的几何形貌要达标,这是基本的;还要微观上做到"控性"——产品的微观组织、力学特性也要达标。

3.系统观要强调综合优化、整体效益

培养学生的系统思维,让他们知道,解决一个工程问题,需要具备多学科知识。解决复杂工程问题的方案通常是系统层面的。

培养学生大工业生产背景下的系统观。工程训练要尽可能让学生了解:现代化大规模生产、大批量产品制造,计划、调度、执行、反馈,如何无缝对接、一体优化?如何做到产品多而不乱、生产忙而有序?不仅要建立精益生产等概念,还要实践体验远程控制、在线检测、运行优化、节能环保、人机共融等新技术。

系统观也包括责任观,要考虑全链条,考虑社会效益,建立全链条整体效益分析意识。系统观需要科技与人文交融,讲究人与社会、生态、环境和谐发展。

(二)安全教育

在建立健全工程训练岗位安全责任制的基础上,落实工程训练安全教育,做到分层次、全贯通、无死角,着力培养学生具有正确的工程安全意识、必要的安全操作技能、良好的工程安全习惯。

健全安全教育规范与操作规程。制定并完善工程训练各实践车间技术安全清单和主要设备操作规程,做到"一室一清单""一机一规程"。贯彻落实以"安全教育动员—工种安全教育—设备安全操作示范"为主要内容的工程训练三级安全教育。在"工程训练绪论"教学环节开展工程训练安全教育动员;在

每个工艺基础训练单元和综合集成训练项目的第一个教学环节,结合工艺特性和项目特点开展针对性的、具体明确的安全教育;在首次操作任何一台设备之前组织学生认真学习该设备的安全操作规程,观摩设备安全操作示范,其中,设备安全操作规程应醒目张贴在设备机身上,设备安全操作示范应制作成在线视频,学生在设备机身扫码即可浏览学习。

健全学生安全准入制度并严格实施。在"工程训练绪论"教学环节开展工程训练安全准入测试并组织学生在线签署"工程训练安全承诺书"。对于未通过工程训练安全准入测试或未签署"工程训练安全承诺书"的学生,不应准予其参加工程训练。

(三)教学质量保障

落实课程标准。严格按照本课程标准编制工程训练课程大纲、教学日历、实践作品工程图纸和工艺卡片、实践作品质量检验标准及评分细则,确保将工程训练课程标准落实在工程训练实践教学中。

重视学生评价。做好学生课程评价和服务评价,建立起覆盖全部工种、覆盖全部指导教师、覆盖每天训练内容的工程训练学生评教信息系统,并且将学生评价综合结果面向教师和学生公开。

保障专业及学生选择权。院系专业定制工程训练课程大纲,自行决定选择上不上工程训练课程、上多少学时工程训练课程、上哪些训练工种及训练类型;对于指定工艺基本训练项目,学生可参考前人评价自主选择指导教师,对于指定综合集成训练类型,根据个人兴趣特长自主选择具体项目。

完善教学质量监控体系。构建学生评教、督导团评教、专家评教和同行评教"四评一体"的工程训练教学质量综合评价体系,建立和完善教学质量持续改进的运行机制。

（四）教学基本要求中认知层次的要求

了解:指对知识有初步和一般的认识。

熟悉:指对知识有较深入的认识,具有初步运用的能力。

掌握:指对知识有具体和深入的认识,具有一定的分析和运用能力。

（五）复杂工程问题的特征

复杂工程问题是必须运用多种工程原理,经过分析才能得到解决的问题。它同时具备下述特征的部分或全部:

(1)涉及多方面的技术、工程和其他因素,并可能相互之间有一定冲突;

(2)需要通过建立合适的抽象模型才能解决,在建模过程中需要体现出创造性;

(3)不是仅靠常用方法就可以完全解决的;

(4)问题中涉及的因素可能没有完全包含在专业工程实践的标准和规范中;

(5)问题相关各方利益不完全一致;

(6)具有较高的综合性,包含多个相互关联的子问题。

附录一 华中科技大学工程训练实践平台的构建

华中科技大学工程实践创新中心为全校工程训练实践平台,设机械制造实验室、材料成形实验室、电工电子实验室、智能制造实验室4个实验室,按21个实践车间(实践室)设置,另设有3个公共实践区,如表7所示。

表7 工程训练实践平台实验室和车间设置

实验室	实践车间(实践室、实践区)
机械制造实验室	车削车间、铣削车间、磨削车间、钳工车间、电火花加工车间、测量室
材料成形实验室	铸造车间、锻压车间、焊接车间、粉末成形车间、高分子材料成形车间、增材制造车间、激光加工车间、材料成形虚拟仿真室
电工电子实验室	电子工艺室、PCB室、电工工艺室、PLC室
智能制造实验室	工业机器人室、智能制造车间、智能制造生产运营虚拟仿真室
其他	机床认知展示区、木艺工坊、工创空间

注:机床认知展示区、木艺工坊、工创空间等由机械制造实验室代管。

(一)机械制造实验室

1.车削车间(图 1)

车削车间分设普通车床加工区、数控车床加工区、砂轮间、多媒体教室等四个区域,有普通车床 8 台、数控车床 22 台、40 机位多媒体教室 1 间。学生可在普通车床加工区学习普通车床基本操作和安全注意事项,并根据图纸工艺自主完成工件加工;也可在多媒体教室学习车床理论知识和编程知识、完成程序编制和加工仿真,并将编制好的数控程序传输至数控车床加工区的指定机床,完成对刀操作后,让机床高效自动加工工件。

(a)　　　　　　　　　　　　(b)

图 1　车削车间

2.铣削车间(图 2)

铣削车间分设普通铣床加工区、数控铣床加工区、多轴加工中心区、五轴加工中心区、数控回转加工区、多媒体教室等六个区域,有普通铣床 4 台、数字化改造铣床 1 台、数控铣床 2 台、三轴加工中心 3 台、四轴加工中心 9 台、五轴加工中心 10 台、走心机 2 台、旋压机 4 台、40 机位多媒体教室 2 间。在本车间,学生可以学习铣削理论知识,掌握铣削加工工艺特点及应用,应用计算机完成产品设计、工艺制定、数控编程、多轴加工仿真,加工程序通过网络传输到车间内指定机床。通过学习普通铣床、数控铣床及加工中心操作,可掌握铣削加工技术,自主完成工件加工。

图 2　铣削车间

3.磨削车间(图 3)

磨削车间有数控外圆磨床 6 台、普通平面磨床 2 台、动平衡机 1 台、粗糙度仪 4 台,与临近车间共用 40 机位多媒体教室。在本车间,学生可以学习磨床结构、砂轮组成以及相关编程知识,依据计算所得磨削目标值完成数控程序编制;学习磨床基本操作,分组操作数控磨床,完成 X 向、Z 向砂轮对刀操作,调用数控程序完成磨削加工,利用外径千分尺和粗糙度仪对工件外圆直径及表面粗糙度进行检测,初步认识精密加工。

(a)　　　　　　　　　　　　　(b)

图 3　磨削车间

4.钳工车间(图 4)

钳工车间有钳工工作台及常用钳工工具 40 台(套)、台式钻床 6 台、自动攻丝机 2 台。在本车间,学生可以实践钳工基本操作,包括划线、锯切、锉削、孔加工、攻螺纹、套螺纹、弯曲、矫正和装配等。

(a)   (b)

图 4 钳工车间

5.电火花加工车间(图 5)

电火花加工车间分设电火花线切割加工区、电火花成形加工区、电火花小孔加工区和多媒体教室等四个区域,有电火花线切割机床 8 台、电火花成形机 4 台、电火花高速穿孔机 1 台、40 机位多媒体教室 1 间。在本车间,学生可以学习电火花加工基础知识,掌握电火花加工工艺特点及应用,完成电火花线切

(a)   (b)

图 5 电火花加工车间

割图形设计和加工轨迹自动编程、规划仿真,将设计好的程序传输到机床上,操作高速穿孔机完成小孔加工,操作线切割机床完成工具电极加工,并将工具电极装配到成形机进行成形加工。

6.测量室(图6)

测量室有常用传统量具20套、便携式粗糙度测量仪20台、三坐标测量机1台。在这里,学生可以使用传统量具进行外径、内径、偏心距、圆跳动等尺寸和形位公差的测量实践,使用粗糙度测量仪和三坐标测量机进行表面粗糙度测量和手动测量。

(a)   (b)

图6 测量室

(二)材料成形实验室

7.铸造车间(图7)

铸造车间分设铸造工艺设计区(兼多媒体教室)、砂型3D打印区、挤压铸造区和压铸岛等四个区域,有砂型3D打印机3台、混砂机1台、压铸岛1套、挤压铸造机1台、熔炼炉2台、40机位多媒体教室1间,压铸岛由压铸机、熔炼炉、工业机器人、自动给汤机、溢流槽去除装置、铸件运输装置等组成。铸造实习内容涵盖砂型铸造、挤压铸造和压力铸造等三种铸造工艺。学生在铸造工艺设计区基于三维 CAD 和 CAE 软件完成型芯三维设计、铸件工艺 CAE；在砂型 3D 打印区了解砂型 3D 打印技术，快速打印复杂型芯，实现复杂砂型铸件成形；通过观摩压铸岛及挤压铸造生产过程，系统了解压力铸造及挤压铸造的工艺流程及要点。

图 7　铸造车间

8. 锻压车间（图 8）

锻压车间分设冲压成形区和智能锻造产线区等两个区域，有锻造产线 1 条、手动折弯机 5 台、手盘冲床 10 台、数控旋压机 1 台、教学模具 10 套，锻造产线由 1 台转底加热炉、1 台数控伺服液压机、2 台工业机器人、1 套三维检测设备组成。学生通过冲压教学模具拆装、典型钣金零件的冲压旋压制作等训练了解冲压工艺。锻造产线可实现典型锻件自动化连续生产，可让学生对模锻工艺、高温锻件三维尺寸在线检测、智能锻造等技术有初步了解。

图 8　锻压车间

9. 焊接车间（图9）

焊接车间分设冲压焊接一体产线区、焊接场等两个区域。冲压焊接一体产线由自动上下料机器人、数控转塔冲床、数控折弯机、折弯机器人、TIG 焊接机器人以及工业互联网系统组成，可以让学生通过钣金零件自动下料、数控折弯及机器人焊接等流程，了解焊接机器人、数控装备、工业互联网等现代技术在焊接行业的应用。焊接场有氩弧焊机 3 台、气保焊机 3 台、点焊机 2 台、埋弧焊机 1 台、冷焊机 1 台，让学生系统了解手工焊接工艺知识。

(a)   (b)

图9　焊接车间

10. 粉末成形车间（图10）

粉末成形车间分设陶瓷粉末材料成形区、金属粉末材料成形区、多媒体教室等三个区域，有粉末成形干压机 6 台、小型流延成形机 6 台、陶瓷粉末注射机 1 台、金属粉末注射机 1 台、脱脂炉 1 台、高温烧结炉 1 台、真空烧结炉 1 台、40 机位多媒体教室 1 间，粉末成形实习内容涵盖粉末浆料制备、生坯成形工艺、脱脂工艺、烧结工艺等关键工艺技术。学生通过粉末干压成形、流延成形、注射成形等三种粉末成形设备的操作训练，认识金属粉末制品和陶瓷粉末制品的生坯成形工艺特点；通过脱脂炉、烧结炉的认知操作训练，初步了解脱脂和烧结工艺。

(a)　　　　　　　　　　　　　　(b)

图 10　粉末成形车间

11.高分子材料成形车间(图 11)

高分子材料成形车间设有 1 条高分子材料成形产线,由自动上料机、数控热压机、六轴轨道机器人、注塑机、机器视觉检测平台、激光打标系统、注塑工艺监控系统、注塑产品质量监控系统、注塑智能工艺系统、热压模具、智能IMD 模具等组成。通过一个 IMD 塑料制品自动化生产全流程,系统展示自动上料、热压成形、IMD 注塑成形、质量检测、激光打标、智能工艺控制等塑料生产关键工艺,让学生了解现代塑料制品自动化成形工艺。高分子材料成形车间还开展模具拆装及模拟仿真训练,让学生了解塑料件生产中注塑模具结构、工艺参数等对塑料制品质量的影响。

(a)　　　　　　　　　　　　　　(b)

图 11　高分子材料成形车间

12.增材制造车间(图 12)

增材制造车间分设 3D 打印认知实践区、3D 打印创新实践区、多媒体教室等三个区域,有熔融沉积成形(fused deposition modeling,FDM)3D 打印机 59 台、数字光处理(digital light processing,DLP)3D 打印机 2 台、手持式三维扫描仪 3 台、40 机位多媒体教室 1 间。学生可根据不同模型设计需求,通过三维建模软件进行创意设计,或利用三维扫描仪进行逆向设计,并系统了解 3D 打印流程及工艺要点。

(a)   (b)

图 12　增材制造车间

13.激光加工车间(图 13)

激光加工车间分设激光切割、激光焊接、激光标记、激光雕刻以及展室、多媒体教室等六个区域,有金属激光切割机 2 台、CO_2 激光切割机 5 台、绿光非金属激光切割机 1 台、QCW(quasi-continuous wave,准连续波)光纤焊接机 3 台、光纤传导激光焊接机 2 台、纳秒光纤激光焊接机 4 台、塑料激光焊接机 1 台、光纤激光打标机 8 台、紫外激光打标机 3 台、飞动激光在线打标机 1 台、多轴激光打标机 2 台、激光雕刻机 3 台、激光内雕机 1 台,主要用于激光加工基础训练和自主创新能力训练。在激光加工车间,学生可以系统了解激光加工原理、特点及应用,掌握常见激光加工设备的操作方法和加工工艺,并能自主完成个性化作品设计及加工。

图 13 激光加工车间

14.材料成形虚拟仿真室(图 14)

材料成形虚拟仿真室主要利用增强现实(augmented reality,AR)、虚拟现实(virtual reality,VR)等现代技术手段,等比例还原和呈现真实热加工车间铸造、冲压、焊接等材料加工过程,解决常规材料成形加工实训过程中不敢做(高污染、高风险)、做不了(过程不透明、观察手段有限)、做不起(高成本)的瓶颈问题,有效消除设备、场地等硬件限制对实训的影响。有增强现实系统 1套,供学生认知材料成形在车辆上的应用;桌面虚拟仿真平台 40 套,供学生系统学习材料成形加工工艺流程及工艺要点;虚拟现实设备 5 套,供学生沉浸式体验,实现在虚拟环境中边交互边学习,将枯燥的理论知识贯穿在有趣的实际

(a) (b)

图 14 材料成形虚拟仿真室

操作过程中。

(三)电工电子实验室

15.电子工艺室(图15)

电子工艺室有电子工艺实训室 6 间、SMT 实训室 1 间、电子开发原型平台应用区、多媒体教室等。每个电子工艺实训室有标准电子工艺实习工位 40 个,配手工焊接电焊台、示波器、直流稳压源、信号发生器、数字万用表及常用电子工艺工具;SMT 实训室另配有半自动印刷机 1 台、贴片机 1 台、无铅回流焊炉 1 台、自动光学检测设备 1 台;电子开发原型平台应用区有 Arduino 机械电子创新组件 18 套、STM32 复合型作业机器人 23 套。在这里,学生可以学习识别常见电子元器件,了解常用电子工艺仪器仪表操作,练习手工焊接方法,装调一台简单电子产品(收音机或小型有源音箱);或了解嵌入式控制基本原理并利用开源硬件套件搭建具有一定循迹、追踪、动作功能的电子装备。

(a)   (b)

图 15　电子工艺室

16.PCB 室(图 16)

PCB 室分设 PCB 设计区和 PCB 制作区两个区域,有机械钻铣雕一体机 15 台、激光雕刻成形机 1 台、液态金属打印机 2 台、快速制板系统 1 台、40 机位多媒体教室 1 间。在这里,学生可以学习电路 PCB 设计,并完成刚性电路板或柔性电路板制作。

图 16 PCB 室

17. 电工工艺室(图 17)

电工工艺室有电工工艺实训台 16 套,可开展低压电气控制、照明系统控制、智能设备控制等实训。在这里,学生可通过不同控制电路的安装和调试,了解家居配电系统、三相异步电动机控制系统、常见家居电器智能配网及控制的工艺规范。

图 17 电工工艺室

18. PLC 室(图 18)

PLC 室分设 PLC 基础实训区、PLC 综合实训区、多媒体教室等三个区域。包括:①PLC 基础实训平台 20 套,每平台配西门子 1212C PLC 1 套、西门子精简人机界面 1 台、步进电机 1 台、直线滑台 1 套、变频器 1 台、传感器模块 1 套、7 段 LED 数码管 1 个、模拟电压发生器 1 个;②PLC 综合实训平台 10 套,每平台配西门子 1212C PLC 3 套、西门子人机界面 1 台、步进电机 3 台、传送带 1 套、直线滑台 2 套、视觉检测系统 1 套、桌面轻量型四轴机器人 1 套、立体仓库 1 套。在这里,学生可学习训练 PLC 开关量逻辑控制、运动控制、HMI 交互控制等设计与调试方法。同时,PLC 基础实训平台、综合实训平台的实践内容均可从模块化控制进阶到单元级控制及小型流水线控制,满足不同专业不同层次学生二维运动控制、物料分拣控制、全自动物料分拣入库系统控制等综合实训需求。

图 18　PLC 室

(四)智能制造实验室

19.工业机器人室(图 19)

工业机器人室分设工业机器人装调区、工业机器人综合应用区、工业机器人进阶实践区、机器人理实一体化教室、典型机器人及零部件认知区等五个区域,有工业机器人装调平台 8 套、工业机器人综合应用平台 10 套、工业机器人进阶实践平台 6 套、机器人理实一体化实践工位 40 个、典型工业机器人(六关节机器人、Delta 机器人、SCARA 机器人、桁架机器人)认知平台 1 套、工业机器人核心零部件认知平台 1 套,另与临近车间共用 40 机位多媒体教室。

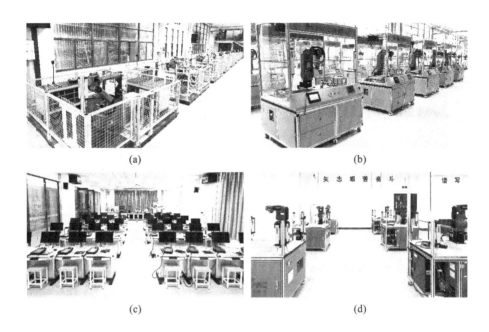

图 19　工业机器人室

在工业机器人装调平台上可开展机器人关键模块拆装、调试和检测的全过程实践,了解工业机器人的结构组成、工作原理以及装配工艺;工业机器人综合应用平台集成了具有现代工业特征的工业机器人典型应用场景,可开展工业机器人轨迹规划、物料搬运码垛、视觉分拣等实训任务;工业机器人进阶实践平台围绕工业机器人机器视觉应用开展创新实践;在机器人理实一体化教室,学生可以操作示教器控制虚拟工业机器人,也可以通过典型工业机器人认知平台和工业机器人核心零部件认知平台了解不同结构形态工业机器人的特点和适用场景。

20. 智能制造车间(图 20)

智能制造车间由智能制造产线和总控室组成。

产线主要包括智能加工单元、清洗检测打标装配单元和仓储物流单元等。智能加工单元设有 5 个配置相同的加工岛,每个加工岛包括五轴加工中心 1

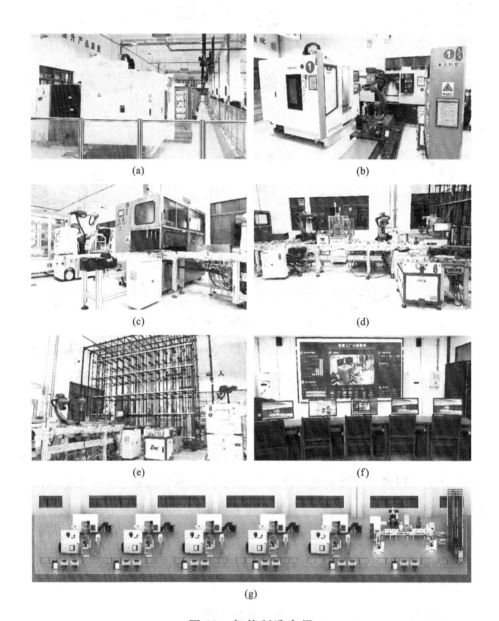

图 20 智能制造车间

台、数控车床 1 台、六轴工业机器人 1 台、工业机器人移动导轨 1 套、单元料仓 1 套、双工位定位台 1 套、快换夹具台及夹具 1 套等。清洗检测打标装配单元由 L 形流水线和围绕其布置的清洗、检测、打标和装配等设备构成,包括超声波清洗机 1 台、三坐标测量仪 1 台、激光打标机工作站 1 套、六轴工业机器人 2 台、快换夹具台及夹具 2 套、装配专机 2 套等。仓储物流单元包括 126 库位双排立体仓库 1 个、仓储堆垛机 1 台、AGV 小车 2 台、自动出库工作台 1 套、自动入库工作台 1 套、手动取放料工作台 1 套。

总控室由总控区域和教室区域构成。总控区域包括 5 个管理控制工位和显示大屏,既部署有智能制造产线总控系统、数字孪生系统,也部署面向整个工创大楼所有设备的运行监控系统和大楼视频监控系统。教室区域包括 40 个学生工位,它们既是智能制造产线下单和生产调度工位,也用于教学。

智能制造车间配置有制造执行系统(manufacturing execution system, MES)、高级计划与排程系统(advanced planning and scheduling,APS)、仓库管理系统(warehouse management system,WMS)、AGV 智能调度系统等,是多学科交叉融合和多技术综合集成应用的数字化、网络化、智能化制造系统。学生实践以系统大集成为中心,以批量个性化订单生产为主线,围绕生产全过程学习了解智能制造的定义、智能制造系统典型构成及智能装备应用、智能制造系统各功能模块的综合集成等,情景式研习智能制造如何实现"提质""降本""增效"。

21.智能制造生产运营虚拟仿真室(图 21)

智能制造生产运营虚拟仿真室有虚拟仿真工作站 28 台(套),搭建有实体智能制造产线的数字孪生体,利用制造运营管理(MOM)系统实现智能制造车间生产全流程管控,涵盖生产管理、物料管理、质量管理、设备管理等功能模块。学生通过以生产调度员、物料管理员、设备管理员、质检员等不同身份在虚拟空间协作完成产品生产任务,沉浸式了解智能制造生产运营管理流程。虚拟仿真室设有中控大屏,实时动态显示各虚拟车间生产执行状态,学生能实时了解操作结果,增强交互性和体验感。

(a)　　　　　　　　　　　　　(b)

图 21　智能制造生产运营虚拟仿真室

(五)其他

22.机床认知展示区(图 22)

工创大楼外设有一个机床认知展示区,矗立着若干台已退出教学一线的老旧机床,主要有卧式车床、万能升降台铣床、立式升降台铣床、摇臂万能升降台铣床、数控铣床、摇臂钻床、弓锯床、插床、联合冲剪机、空气锤、开式可倾式压力机、车桥焊接工作站等。每台老旧机床的铭牌上都印有机床简介,并附有一个二维码。扫描不同机床的二维码,可以查阅对应机床的结构组成、工作原理、运行动画等在线资料。这些老旧机床不仅是时代的记忆,也见证着近现代工业革命的发展。学生在工创大楼内学习先进制造工艺和智能装备,在楼外机床认知展示区认知上一代机床,对比学习传统装备的数字化、网络化、智能化转型升级,见微知著,在中国装备发展变迁沿革中正确认识世界和中国发展大势。

(a)　　　　　　　　　　　　　(b)

图 22　机床认知展示区

23. 木艺工坊（图 23）

木艺工坊分设手工制作区域和机加工区域,手工制作区域有木工虎钳、手工锯、锉刀、木工凿等手工工具(工装)40 套,加工区域有带锯、热狗锯、平刨、压刨、砂轴机、砂盘砂带机、立铣、车床、方榫机等设备 10 余台(套)。学生可在木艺工坊学习传统木工技艺,练习木工基本操作,制作典型榫卯结构,组装校园典型建筑模型,或者体验手工原木开料,加工木梳、木簪等生活用品。

图 23　木艺工坊

24. 工创空间（图 24）

工创空间主要用于学生自主创新加工,有切割、打标等激光设备 7 台,微型车床 4 台,微型钻铣床 4 台,四轴雕刻机 4 台,大幅面 CNC 雕刻机 1 台,攻丝机2台,活版印刷机3台以及常用手工工具一批。可完成不锈钢板、碳钢板、亚克力板、椴木板、环氧板、玻璃纤维板、实木板等板材的数控切割和雕刻,也可对铝合金、碳钢、石头、代木等材料进行三维加工和雕刻,还可开展凸版印刷及相关文创作品制作。

工程实践创新大楼整体也被称为"工创空间"。

(a)   (b)

图24　工创空间

附录二　华中科技大学"工程训练"课程改革探索与实践

华中科技大学自 2016 年启动新一轮工程训练实践教育改革，编制体现时代特征的"工程训练"实践课程教学方案，于 2017 年 9 月首轮全校施行，之后不断修订完善。当前已初步建成以"智能制造"启智润心、以"中国制造"培根铸魂，"一院一方案、一生一课表"，聚焦工艺特点认知教育，着力培养大学生工程观、质量观、系统观的重要实践课程，在全国产生较大影响。

(一)"工程训练"课程改革背景

身处"两个一百年"的历史交汇期，高质量成为教育工作主要目标和衡量标准。高等学校人才培养工作正处在提高质量的升级期、变轨超车的机遇期、改革创新的攻坚期。我国要加快建设制造强国、实现中华民族伟大复兴，迫切需要培养一大批能够适应和支撑我国产业迈向全球价值链中高端的工程创新人才。高等学校迫切需要提高工程实践教育质量。

工程训练中心是高校建立在校内的工程教育实践性教学平台；"工程训练"课程是工科类高校中教学规模最大、学生受众最多的实践课程，对培养学生工程实践能力发挥着独特作用。

华中科技大学每届超过 70% 的本科学生(近 5000 人)修读"工程训练"课程。但是，2015 年前后，当时的工程训练仍延续传统的以单工种作业为主的模式，存在课程内容更新不够及时、新技术和新制造模式太少、对现代工业企业新型生产模式呼应联动不足等问题。

2015 年 5 月,国务院印发《中国制造 2025》,部署全面推进实施"制造强国"战略,"以高层次、急需紧缺专业技术人才和创新型人才为重点,实施专业技术人才知识更新工程和先进制造卓越工程师培养计划,在高等学校建设一批工程创新训练中心,打造高素质专业技术人才队伍。"

在世界新一轮科技革命和产业变革同我国转变发展方式的历史性交汇期,高等学校既面临着千载难逢的历史机遇,又面临着差距拉大的严峻挑战。我们必须清醒认识到,有的历史性交汇期可能产生同频共振,有的历史性交汇期也可能擦肩而过。

形势逼人,挑战逼人,使命逼人。高等学校要努力危中寻机、转危为机,把握和用好重大战略机遇期,准确识变、科学应变、主动求变。工程训练实践教学必须进一步改革,扎实提升实践育人质量。

(二)"工程训练"课程改革历程

2016 年 11 月,华中科技大学教务处召开工程训练教学咨询会,拟将"金工实习"和"电工电子实习"这两门实习课程整合新建"工程训练"实践课程,专题研究工程训练教学方案,拉开了华中科技大学新一轮工程实践教育改革序幕。

2017 年 4 月,华中科技大学工程训练实践教学指导委员会审定通过《华中科技大学本科学生工程训练教学实施方案》,自 2017 年秋季学期开始在 2017 级实施。

2018 年 2 月,华中科技大学将"建设一流教学支撑平台"列入《华中科技大学一流大学建设高校建设方案》的建设任务,决定打造开放性、创新型、现代化的工程训练示范中心。

2018 年 10 月,与"工程训练"课程改革配套,《华中科技大学面向新工科的智能制造工程训练实践教学平台建设方案》通过专家论证。

2018年12月,华中科技大学党委常委会确立"建设世界一流工程训练中心"目标,批准"面向新工科的智能制造工程训练实践教学平台"建设项目立项,要求高起点谋划、高标准推进、高质量打造。

2019、2020年,华中科技大学分两期实施"面向新工科的智能制造工程训练实践教学平台"建设项目,对工程训练实践平台全面升级改造。其中,2019年9月,智能制造工程训练实践平台一期投入教学运行,初步具有智能制造特色的《工程训练实践课程教学方案(2019版)》开始实施。

2020年12月,华中科技大学面向新工科的智能制造工程训练实践教学平台初步建成,体现时代特征的《工程训练实践课程教学方案(2021版)》编定,于2021年春季学期开始实施。

2021年3月,华中科技大学依托升级后的工程实践创新中心,把原来只辐射到理工科的工程实践环节,开发成通识体验课,面向全校所有学科开放。医科生、文科生也可选修该课程,身临其境地了解制造业的发展历程及其与各领域的融合,还可了解制造业从业人员的工匠精神、管理需求,有效提升工程素养、质量意识和系统思维。

2021年7月,华中科技大学《工程训练实践课程教学方案(2021版)》通过专家组评审。专家组认为,华中科技大学"工程训练"实践课程内容体系完整,教学理念先进,课程规划设计合理,符合新工科建设要求;以智能制造实践平台为主要核心的新开设及升级改造的"工程训练"实践课程的教学文件完备,相关单元及模块设置合理,设备选型先进适用,台套数配置合理,现场布局规划方案科学,环境氛围建设能够较好地体现先进的现代工程文化,并为课程思政建设提供了充分的实施空间。

2022年6月,华中科技大学批准"回转体工艺品制作"等19门"工程体验"系列劳动教育课程、"金工锤制作"等13门"工坊实践"系列劳动教育课程开设。"工程体验"系列课程主要面向医科生、文科生,对标"重视新知识、新技术、新工艺、新方法的运用",使学生"提高在生产实践中发现问题和创造性解决问题的能力,在动手实践的过程中创造有价值的物化劳动成果"。"工坊实践"系列课程主要面向已修"工程训练"课程的理工科学生,对标"学会使用工具,掌握相关技术,感受劳动创造价值,增强产品质量意识",让学生"紧跟科技发展和产业变革,准确把握新时代劳动工具、劳动技术、劳动形态的新变化"。

2022 年 7 月,华中科技大学《工程训练课程标准》基本编制完成,开始试行。

2023 年 1 月,进一步修订完善的《工程训练实践课程教学方案(2023 版)》编定,于 2023 年春季学期开始实施。

(三)"工程训练"课程改革思路

"工程训练"课程改革思路是:以高质量发展为主题,将最领先的理念、最前沿的技术、最先进的应用融入"工程训练"实践课程,改革教学内容、升级实践设施、创新管理模式,树立培养大学生工程观、质量观、系统观的工程训练新理念,确立"做好一件产品,做好一批产品"的工程训练新主题,建立平台公共化、方案个性化、实践多维化的工程训练新模式,瞄准卓越工程师和拔尖创新人才培养,提高工程实践教育质量,如图 25 所示。

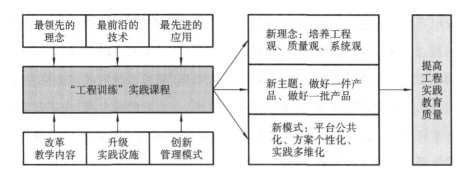

图 25 "工程训练"实践课程改革思路

1.改革教学内容,反映产业和技术的最新发展

改革"工程训练"课程结构,加强综合集成。将原"金工实习"和"电工电子实习"两门课程整合为新型"工程训练"课程,并增设综合训练环节,倡导研究性学习和挑战性学习。"工程训练"由工艺基础训练和综合集成训练两个教学环节组成。综合集成训练项目定位于解决某个复杂工程问题,强调机电结合,体现多个制造工艺和环节。

以智能制造为统领,更新工程训练教学内容。体现学科研究新进展、实践发展新经验、社会需求新变化,以智能制造系统及其生产管控为主线,以工艺原理及其数字化、网络化和智能化为系列,打造以产品智能制造全过程为特征的"工程训练"实践课程,带领大学生学习基础工艺知识、实践先进制造技术。

真刀实枪、真材实料开展工程训练。学生基于"真刀实枪""真材实料"、应用工程实际案例开展工程训练,真切体验真实工程案例产品的加工生产过程。保障并加大工程训练实践教学耗材投入,不宜片面地以节约材料经费、节省加工时间、保障操作安全等为由改用与工程实际不相符的替代材料,导致失去了工程训练实践意义。"生均耗材经费投入"应成为衡量实践教学是否得到保障的重要指标之一。

2.升级实践设施,适应新一轮科技革命和产业变革

数字化、网络化、智能化并行推进、融合发展。建成适应新一轮科技革命和产业变革的工程实践资源是工程训练实践课程的内在要求,以智能制造系统为主线全面升级改造工程训练实践平台是提升工程实践教育质量的前提保证。针对工程训练实践平台传统实训设备偏多、现代化数字设备不足的现状,既对现有设备进行数字化、网络化改造,也建设一批先进智能化设施,补齐智能制造实践设施短板,实现向更高制造水平迈进。

改造、升级、新建齐抓并举,存量变革,增量崛起。运用新技术改造普通机床(车床、铣床、磨床等),实施数字化网络化,盘活设备设施存量;推动二轴、三轴数控机床教学转型升级为四轴、五轴智能加工中心教学,将切削实践环节升级为以加工中心为主体;新建工业机器人实践平台和智能制造产线,构建现代化、智能化的工业场景和实践平台。

参照 CDIO 工程教育模式规划实践基地布局。构建设施完备、空间充足、布局优化、配套齐全的 CDIO 实践场所,建造满足工程训练创新实践需要的构思讨论区、设计中心、实施实验室、运行展示区,重视公共自主学习实践空间建设,构建早实践、多实践、反复实践的体验式教学环境。

3. 创新管理模式,推动工程实践教育高质量发展

保障和增加院系、专业及学生的学习自主权和选择权。工程训练教学实施方案按院系专业定制,实现工程训练"一院一方案、一生一课表"。个性化工程训练实践教学方案,更好地契合各院系、各专业人才培养目标,更适应学生实际、适应学生志趣,更能保障个性化实践能力培养。

健全实践环节教学质量控制体系。以抓标准、抓评价、抓管理来保障和提升实践教学质量。编制课程标准,标准决定质量:有什么样的标准就有什么样的质量,只有高标准才有高质量。重视学生评价,建立覆盖全部工种、覆盖全部指导教师、覆盖每天训练内容的学生评价系统,学生评价综合结果及时公开。改进资源配置管理模式,始终保障院系、专业及学生选择权,并使选择结果在资源配置中起决定性作用。

坚持产学合作、协同育人。企业资源是工程训练实践平台不可或缺的补充。作为工程训练实践教学的一个环节,组织学生到学校周边先进制造企业参观实践,亲历智能制造流程,丰富学生对智能制造的感性认知。邀请企业工程人员到校内工程训练实践课堂讲学示范,联合企业开设创新实践营,弥补校

内教师工程经历缺乏、工程能力偏弱的不足,提高实践教学质量。收集并展示工业现场实景视频资源,或以企业实景为蓝本开展虚拟仿真,拓展实践教学深度和广度,提升工程实践教学质量和水平。

(四)拓展工程训练实践

树立全周期工程教育理念,构建包括工程实践、劳动实践、创新实践、研学实践等四个维度的实践育人体系,如图 26 所示。

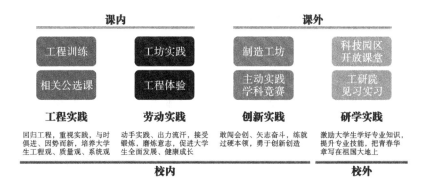

图 26　工程实践育人体系

工程实践系列课程是"一课"。其中,"工程训练"为核心课程,回归工程,守正出新,既坚守工艺传授,又与时俱进、因势而新;相关公共选修课程适应不同学生不同需求,增加学生实践动手机会,培养学生的工程意识、实践能力和创新精神。

"工坊实践"和"工程体验"为新时代劳动教育课,让学生动手实践、出力流汗,接受锻炼,磨练意志,全面发展、健康成长。

创新实践活动是"二课",包括主动实践和参加学科竞赛等,支持学生敢闯会创,练就过硬本领,勇于创新创造,在矢志奋斗中谱写新时代的青春之歌。

校内的工程实践创新中心是工程实践"一课""二课"实践育人的主战场;学生到学校周边的科技园区高新技术企业见习实习是工程实践教育和实践育

人的拓展和延伸；学生到有关工业技术研究院调研走访、研学实践，既是工程实践开放课也是"行走的思政课"，有助于激励学生学好专业知识，提升专业技能，把青春华章写在祖国大地上。

各类工程实践教育环节相辅相成，课内课外互补，校内校外联动，做到理工医文管全覆盖、大学四年不断线。

(五)"工程训练"课程改革主要特色

华中科技大学自 2016 年起实施的新一轮"工程训练"实践教育改革，是立足新发展阶段，贯彻新发展理念，构建新发展格局，落实立德树人根本任务，以服务制造强国战略为导向，以推动高质量发展为主题，以改革创新为根本动力，扎实提升实践育人水平，加快建设高水平本科教育，全面提高人才培养能力的重大教学改革举措。

"智能制造"和"中国制造"是华中科技大学"工程训练"实践教学的鲜明特征。"工程训练"课程以"智能制造"启智润心，以"中国制造"培根铸魂，抓牢常见制造工艺特点认知实践，着力培养大学生的工程观、质量观、系统观。

响应国家需求，体现时代特征。服务创新驱动发展战略和制造强国战略，以智能制造为抓手，将最领先的理念、最前沿的科技、最先进的应用融入本科实践教学，全面升级改造工程训练实践课程及设施，让大学生有优质教育资源的获得感，全面提升实践育人能力。

面向工程实际，保障耗材投入。以"做好一件产品、做好一批产品"为理念，回归工程，崇尚实践；提出"生均耗材经费投入是衡量实践教学是否得到保障的重要指标"，真刀实枪、真材实料，加强工程训练；面向新时代创新人才培养，强基础，优结构，提高工程素养、强化质量意识、训练系统思维，着力培养大学生的工程观、质量观、系统观。

扎根中国大地，秉承中国制造。锚定世界一流，应用国产智能装备、国产数控系统、国产工业软件,以国产装备教化人,以鲜活案例鼓舞人,增强新时代青年大学生做中国人的志气、骨气、底气,在智能制造工程训练方面形成了中国方案和华中大模式。

聚焦立德树人,优化实践方案。通过平台公共化、方案个性化、实践多维化,构建"厚基础、宽专业、重实践、强个性"的实践育人体系;将思想政治工作贯穿实践教育全过程,综合运用课内课外、校内校外实践阵地,做到工程实践理工医文管全覆盖、大学四年不断线,扎实推进全员全过程全方位育人。

附录三 华中科技大学"工程训练" 教学方案

工程训练实行"一院一方案、一生一课表",教学方案已修订至第四版,即《工程训练实践课程教学方案(2023 版)》,如插表 1 所示,自 2023 年春季学期开始在全校各年级实施。表中,"w"表示"周","d"表示"天",1w 为 5ds,1d 为 8 学时。

自 2017 年以来,工程训练实践课程教学方案各版次修订如下:2017 年秋季学期起,全校各院系各年级实施《工程训练实践课程教学方案(2017 版)》;2019 年秋季学期起,全校各院系各年级实施《工程训练实践课程教学方案(2019 版)》;2021 年春季学期起,全校各院系各年级实施《工程训练实践课程教学方案(2021 版)》;2023 年春季学期起,全校各院系各年级实施《工程训练实践课程教学方案(2023 版)》。

2023 年春季学期,对于航空航天学院和生命科学与技术学院 2021 级部分专业,因其秋季学期已按 2021 版教学方案修读"工程训练(6)"(航空航天学院)或"工程训练(3)"(生命科学与技术学院),春季学期继续修读"工程训练(7)"(航空航天学院)或"工程训练(8)"(生命科学与技术学院),改为执行 2023 版教学方案时,应结合 2021 版和 2023 版综合安排相应专业学生的春季学期实际执行方案。

参考文献

[1] 周济,李培根.智能制造导论[M].北京:高等教育出版社,2021.

[2] 周济,李培根,周艳红,等.走向新一代智能制造[J].Engineering,2018,4
(01):28-47.

[3] 李培根,高亮.智能制造概论[M].北京:清华大学出版社,2021.

[4] 邵新宇.工程训练要着力培养大学生的工程观、质量观、系统观——中国
工程院院士邵新宇访谈[J].高等工程教育研究,2022,3:1-5.

[5] 卢秉恒.机械制造技术基础[M].4版.北京:机械工业出版社,2022.

[6] 教育部高等学校机械类专业教学指导委员会.智能制造工程教程[M].
北京:高等教育出版社,2022.

[7] 教育部高等学校机械基础课程教学指导分委员会.高等学校机械基础系
列课程现状调查分析报告暨机械基础系列课程教学基本要求[M].北
京:高等教育出版社,2012.

[8] T/CEEAA 001——2022.工程教育认证标准[S].北京:中国工程教育专
业认证协会,2022.

[9] 李昕,詹必胜.面向新工科的工程训练中心建设与发展[J].实验室研究
与探索,2019,7:249-251,261.

[10] 胡庆夕,张海光,何岚岚.现代工程训练基础实践课程[M].北京:机械
工业出版社,2021.

[11] 朱华炳,田杰.制造技术工程训练[M].北京:机械工业出版社,2021.

[12]　彭江英,周世权.工程训练(机械制造技术分册)[M].武汉:华中科技大学出版社,2019.

[13]　周世权,陈赜.工程训练(电工电子技术分册)[M].武汉:华中科技大学出版社,2020.

[14]　夏巨谌,张启勋.材料成形工艺[M].北京:机械工业出版社,2021.

[15]　童幸生.材料成形工艺基础[M].武汉:华中科技大学出版社,2019.

[16]　高红霞.工程材料成形基础[M].北京:机械工业出版社,2021.

[17]　郝巧梅,刘怀兰.工业机器人技术[M].北京:电子工业出版社,2016.

[18]　张光耀,王保军.工业机器人基础[M].武汉:华中科技大学出版社,2019.

[19]　李智勇,谢玉莲.机械装配技术基础[M].北京:科学出版社,2009.

后记

华中科技大学工程实践创新中心自 2017 年开始研制新一轮工程实践教育改革之后的《工程训练教学日历》和《工程训练课程实施大纲》，并在全校施行，之后逐年修订和迭代。

2022 年，华中科技大学工程实践创新中心将这些教学文件中关于工程训练实践教学的基本知识、基本技能、基本素质等核心内容凝练出来，基于华中科技大学现有工程训练实践条件，组织编制了《工程训练课程标准》。

本课程标准第 1 版于 2022 年 7 月经华中科技大学工程实践创新中心学术委员会审定通过，于 2023 年春季学期开始在华中科技大学试行。

随着教育部相关教学基本要求不断更新、学校工程训练实践平台教学条件不断完善、工程训练课程教学内容不断补充，华中科技大学工程实践创新中心将持续组织修订完善本课程标准。